美丽中国生态文明模式
调查、分析与应用

王　曙　诸云强　邹志强　著

科　学　出　版　社

北　京

内 容 简 介

本书从地理信息科学视角出发,利用地理学思维和计算机技术,深入探讨生态文明模式的调查、分类与应用,为实现美丽中国的愿景提供理论和实践支持。本书系统总结了国内外生态文明模式调查的现状、问题与发展趋势,提出了美丽中国生态文明模式的概念与分类,设计了美丽中国生态文明模式调查与挖掘的创新思路与方法,阐述了中国生态文明模式数据库建设的方法与内容,揭示了中国生态文明模式的空间格局。最后,以福建省为示范区,开展了美丽中国生态文明模式的推荐与应用。

本书适用于广大研究者、决策者和从事生态文明建设、可持续发展研究和地理知识图谱应用的专业人士,能够为区域规划决策、地理信息研究、知识图谱应用等方面提供有益的参考和启发。

审图号:GS 京(2024)0753 号

图书在版编目(CIP)数据

美丽中国生态文明模式调查、分析与应用/王曙,诸云强,邹志强著.—北京:科学出版社,2024.5
ISBN 978-7-03-077627-3

Ⅰ.①美… Ⅱ.①王… ②诸… ③邹… Ⅲ.①生态环境建设–研究–中国 Ⅳ.①X321.2

中国国家版本馆 CIP 数据核字(2024)第 016697 号

责任编辑:刘 超/责任校对:樊雅琼
责任印制:徐晓晨/封面设计:无极书装

科 学 出 版 社 出版
北京东黄城根北街 16 号
邮政编码:100717
http://www.sciencep.com
北京九州迅驰传媒文化有限公司印刷
科学出版社发行 各地新华书店经销
*
2024 年 5 月第 一 版 开本:787×1092 1/16
2024 年 5 月第一次印刷 印张:11
字数:260 000
定价:120.00 元
(如有印装质量问题,我社负责调换)

前　言

《美丽中国生态文明模式调查、分析与应用》一书是对中国生态文明建设领域的一次深入探讨，旨在从信息技术视角出发，为读者提供关于中国生态文明模式的深入洞察。生态文明模式调查、分析与应用是推动生态文明建设的有效手段，是实现可持续发展的重要方法，更是达成美丽中国愿景的必要保障。

美丽中国生态文明模式调查、分析与应用是一个多层次、复杂而迫切的议题，涉及生态文明模式概念内涵不清晰、大尺度收集调查不充足、孕育环境信息不完备、空间格局分布缺失、推荐应用需求难满足等问题。本书以生态文明模式为研究对象，试图解决上述问题。

全书共分为七章，主要内容如下。

第1章：绪论。介绍本书的研究背景与意义，综述国内外相关研究在生态文明模式调查、网络文本挖掘、地理知识图谱、信息推荐等方面取得的研究进展及存在问题，并详细说明了本书的研究目标、内容以及整体技术路线，帮助读者更好地理解整体研究脉络。

第2章：美丽中国生态文明模式概念与分类。梳理了生态文明建设相关概念，界定了美丽中国生态文明模式概念、内涵及相互关系，提出了美丽中国生态文明模式的分类体系及编码。

第3章：中国生态文明模式调查与挖掘。详细制订了生态文明模式调查挖掘总体技术方案，在生态文明模式名录整理的基础上，提出了基于知识图谱的生态文明模式调查方法和基于网络文本挖掘的生态文明模式挖掘方法，并完成生态文明模式调查挖掘名录评估。

第4章：中国生态文明模式数据库建设。系统设计了中国生态文明模式数据库，提出了生态文明模式地理位置空间化方法和生态文明模式孕育环境属性信息关联方法，在上述方法技术的基础上构建了中国生态文明模式数据库。

第5章：中国生态文明模式格局分析。以中国生态文明模式数据库为基础，揭示了中国生态文明模式总体空间格局，详细分析了中国生态文明模式分级分类空间格局，并剖析了华北、华东、华中、华南、西北、西南、东北区域典型生态文明模式案例信息及孕育环境。

第6章：生态文明模式推荐与应用实践。围绕生态文明模式推荐任务，重点突破了地理数据增强、地理要素增强、推荐模型重构等技术难点，提出了顾及地理分区特征的生态文明模式推荐方法，并以福建为示范区开展生态文明模式推荐应用及验证分析。

第7章：结论与展望。总结了本书的主要成果、创新点和结论，还对未来的研究方向和工作提出了展望，希望本书能为生态文明建设领域的研究者和决策者提供有益的参考。

本书结构由王曙和诸云强设计，王曙、诸云强和邹志强统稿。书中内容得到朱华忠、钟华平、孙凯、杨杰、李威蓉、钱朗、代小亮、祁彦民、孙皓、鱼志航、王强、杨亦尘和王春玲等的大力支持。其中，朱华忠和钟华平主要参与了美丽中国生态文明模式概念与分类相关章节的研究与讨论；孙凯和李威蓉主要参与了美丽中国生态文明模式名录调查整理相关章节的研究与讨论；杨杰主要参与了中国生态文明模式数据库设计；钱朗主要参与了中国生态文明模式调查与挖掘方法研究；代小亮、王强、杨亦尘和祁彦民主要参与了中国生态文明模式格局分析相关章节的研究与制图；孙皓和鱼志航主要参与生态文明模式推荐与应用相关章节的研究。

　　本书编写和出版得到了中国科学院战略性先导科技专项（A 类）项目十课题 1（XDA23100100）、国家自然科学基金（青年）项目（42101467）、国家自然科学基金原创探索计划项目（42050101）、国家重点研发计划项目（2022YFB3904201、2022YFF0711601 和 2021YFB3900903）等项目的资助，也得到了中国科学院地理科学与资源研究所资源与环境信息系统国家重点实验室、国家地球系统科学数据共享服务平台和中国地理学会地理大数据工作委员会的大力支持。

　　本书提出的基于大数据和人工智能技术的生态文明模式调查、分析与应用方法，能够为生态文明建设提供实质性贡献。本书适用于广大的研究者、决策者，以及从事生态文明建设、可持续发展研究和地理知识图谱应用的专业人士，能够为区域规划决策、地理信息研究、知识图谱应用等提供有益的参考和启发。

　　由于作者水平有限，书中不足之处在所难免，敬请读者指正。

作　者
2023 年 10 月

美丽中国生态文明模式调查、分析与应用

目　　录

美丽中国生态文明模式调查、分析与应用

第1章

绪　　论

　　本章是美丽中国生态文明模式调查、分析与应用的研究起点。"生态文明是什么？生态文明模式又是什么？""为什么要推动生态文明建设？生态文明建设与生态文明模式有怎样的关系""我国当前生态文明建设的情况如何？""在相关的生态文明模式调查、网络文本挖掘、地理知识图谱、信息推荐等领域遇到了哪些挑战？""针对这些挑战我们又将怎样应对？"一系列研究背景与意义、国内外研究现状等在本章将被系统解答。同时，本章详细说明了本书的研究目标、内容及研究方法与技术路线，以便读者更好地理解整体研究脉络。

1.1　研究背景与意义

　　发展是人类社会的永恒主题，是解决一切问题的关键[①]。在历经原始文明的刀耕火种、农业文明的自给自足、工业文明的飞速发展之后，如何科学、和谐、可持续的发展是人类面临的重要议题（李娜和张云飞，2022）。

　　生态文明是实现人类社会与自然和谐发展的新的文明形态，指以生态学规律为基础，以生态价值观为指导，从物质、制度和精神三个层面进行改善，以达成人与自然和谐发展，实现"生产发展、生活富裕、生态良好"的一种新型的人类根本生存方式（谷树忠等，2013；方创琳等，2019；习近平，2021）。其中，不同自然环境、经济发展水平、社会文化条件的区域依赖不同类型的发展方式，即生态文明模式。其具体指人类尊重自然、顺应自然、保护自然，并合理利用自然，具有榜样示范作用，可模仿、可复制的人类与自然和谐共生的发展模式（吴孔凡和吴理财，2014；习近平，2019；葛全胜等，2020）。因此，推动生态文明建设是实现科学、和谐、可持续发展的有效途径。

　　然而，生态文明建设方法、思想和制度的形成经历了漫长的过程。自中华人民共

---

① 联合国《发展权利宣言》。

和国成立以来，我国生态文明建设可分为四个阶段：起步探索时期、初步奠基时期、稳步开展时期和全面提升时期（李宏，2021；刘洋和周立华，2021）。其中，起步探索时期（1949～1978年）处于从中华人民共和国成立至改革开放前，这一时期我国生态文明建设主要侧重于水利治理和植树造林活动。但是由于当时社会首要任务是率先将我国由农业国转变为工业国，虽然比较注重工业化建设，对生态环境的保护并没有体现，但在此阶段，由于生产活动中对生态环境的开发利用速度远低于生态环境的自我修复的速度，因此，环境问题尚未有所显现。初步奠基时期（1978～1992年）国家从以前高度集中的计划经济体制转向有计划的市场经济。一方面我国工业化进程加快，市场经济发展迅速；另一方面，以经济建设为中心一定程度上导致了环境责任意识弱化，使得环境问题日渐凸显。为此，党和国家高度重视法律制度对保护生态环境的作用，将保护生态环境纳入法治化轨道，相继出台了一系列生态环境保护的法律法规，如《中华人民共和国环境保护法》，并成立了生态环境保护的专职部门，如城乡建设环境保护部①内设环境保护局。在此阶段中，我国生态文明建设步入法治化轨道，生态环境保护和自然资源利用的基本方针、政策基本建立，生态环境管理体系初步形成。稳步开展时期（1992～2012年），我国经济社会进入快速发展阶段，但生态环境问题愈加恶化。针对日益严重的生态环境问题，党和国家采取了一系列措施，积极推进生态文明建设，例如，确立可持续发展的国家战略、坚持污染防治与生态保护并重、积极推动生态示范区建设等。在这一时期，我国环境规制政策得到快速发展，环保法律制度建设和环境管理体制得到进一步完善，生态环境保护手段由过去以行政为主向行政、经济、法律等手段相结合转变，基本形成生态保护的法规体系。全面提升时期（2012年以来），党和国家提出包括经济、政治、文化、社会及生态文明的"五位一体"总体发展理念，加快生态文明制度体系建设，加强生态环境保护立法与修订，积极参与全球生态文明制度建设，明确了实现美丽中国目标和推动中华民族永续发展的远大目标。在这一时期，生态文明建设的内涵、目标、方法、制度等各方面得到了全面的提升，把生态文明建设提升到了新的高度（俞可平，2005；张高丽，2013）。

特别是以党的十八大为新起点，党中央做出大力推进生态文明建设战略决策，明确指出建设生态文明，是关系人民福祉、关乎民族未来的长远大计，并且把生态文明建设放在突出地位，全面融入经济建设、政治建设、文化建设、社会建设各方面和全过程，将努力建设美丽中国设立为生态文明建设的重要目标。进一步，党的十九大报告指出要牢固树立社会主义生态文明观，明确人与自然是生命共同体，人类必须尊重自然、顺应自然、保护自然。随着生态文明建设理念的深入，党的二十大报告强调，必须牢固树立和践行绿水青山就是金山银山的理念，全方位、全地域、全过程加强生

---

① 为国务院曾设置的一个单位。

态环境保护，推进美丽中国生态文明建设（李娜和张云飞，2022）。可见，我国正大力推进践行生态文明建设，并以此为途径实现可持续发展及美丽中国目标。

在不断革新的生态文明建设过程中，各地涌现出许多具有代表性的生态文明模式（吴孔凡和吴理财，2014；向俊杰和彭向刚，2015；王曙等，2021）。如"安吉模式"，浙江省安吉县结合自身生态环境条件，放弃工业立县之路提出生态立县发展战略，以经营乡村的理念，通过产业提升、环境提升、素质提升、服务提升，推进美丽乡村建设，大力发展竹茶产业、生态乡村休闲旅游业等新兴产业，把全县建成美丽乡村。"右玉模式"，山西省右玉县地处毛乌素沙地边缘，自中华人民共和国成立以来，历任政府团结带领全县人民坚持不懈治沙植绿、坚韧不拔改善生态，将昔日的不毛之地变成了今日的"塞上绿洲"，孕育形成了"右玉精神"。右玉县以三北防护林国家级生态工程为驱动，积极发展经济林、苗木、生态游等绿色生态产业，生产沙棘果汁、原浆、罐头、果酱、酵素等各类衍生产品，形成了产供销一体的经济林产业链。最终使得右玉县在保持和治理生态环境的同时，有效提升了当地居民的收入。"从江侗乡稻鱼鸭模式"，贵州省从江县根据当地自然条件，形成了在水稻田中"种植一季稻、放养一批鱼、饲养一群鸭"的农业生产方式，使得稻田有效控制病虫草害，增加土壤肥力，减少甲烷排放，有效储蓄水资源，保护区域生物多样性，并促使当地生态效益和经济效益的双赢。不仅如此，越来越多的地区通过对典型优势生态文明模式的学习、模仿和复制，大大加速了生态文明建设的进程。例如，江苏省建湖县、湖南省华容县、云南省元阳县等通过学习和借鉴"从江侗乡稻鱼鸭模式"，在生态环境保持同时，较短时间内实现区域经济的快速提升。因此，全面准确调查分析并合理高效应用推广这些突出的生态文明模式，是推进生态文明建设的有效途径。

然而，怎样准确地界定生态文明模式，存在哪几类美丽中国生态文明模式？目前中国生态文明模式有哪些，这些模式适用于哪些自然环境和社会经济条件？中国生态文明模式的总体格局是怎样的，每类生态文明模式的空间分布是什么？如何科学、合理、准确地推广和应用这些突出的生态文明模式？上述一系列问题都是当前生态文明建设急需解决的难题。总之，业界当前对生态文明模式缺乏系统性大范围的调查、分析和应用。

值得欣喜的是，计算机信息技术的发展从数据采集、信息关联、空间分析和推荐应用等方面，为生态文明模式调查、分析与应用提供了技术实现的可能性。在生态文明模式数据采集方面，大数据时代激增的海量数据为生态文明模式调查和挖掘提供了更加丰富多样的数据来源。特别是随着互联网发展兴起的网络文本，不仅能够为调查挖掘提供多源信息，并且随着互联网信息技术的发展，其内容采集成本正在不断下降、采集效率正在不断提升。此外，大数据相关技术、产品、应用和标准不断发展，逐渐形成了包括数据资源、开源平台与工具、数据基础设施、数据分析、数据应用等板块构成的大数据生态系统，为生态文明模式数据采集提供了数据支撑。在生态文明模式信息关联方面，知识图谱技术的出现给生态文明模式信息关联与应用提供了技术可能。一方面，知识图谱提供了一种简单且高效的知识表示方式，能够以图结构的形式将生态文明模式相关信息进行链接，包括各类基础信息及孕育其产生发展的自然环境、社会经济、民族文化等信息；另一方面，知识图谱能够将相互链接的语义关系应用在调查挖掘与模式推荐中，使得这些关联信息能够被有效利用，进而为生态文明模式的应用分析提供支撑。在生态文明模式空间分析方面，地理信息技术的日益成熟能为全国生态文明模式空间格局绘制、分析、演替等提供坚实的技术支撑，进而从时空尺度更好地理解区域生态文明模式的分布及规律。在生态文明模式推荐应用方面，基于内容、协同过滤、基于规则、基于效用、基于知识等推荐算法的不断改进，为生态文明模式这种特殊的推荐案例提供了丰富的参考。总而言之，计算机信息技术的快速发展为大数据时代下美丽中国生态文明模式调查、分析与应用提供了坚实的技术保障。

在此背景下，本书开展美丽中国生态文明模式调查、分析与应用研究，关键在于提出美丽中国生态文明模式概念及分类体系，调查挖掘美丽中国生态文明模式信息，构建中国生态文明模式数据库，分析中国生态文明模式的空间格局及区域特征，并开展生态文明模式推荐与应用实践，其科学意义与应用价值体现在以下三个方面。

1）在理论方面，明确生态文明模式相关概念及其内涵，提出面向美丽中国建设的生态文明模式分类体系；探索形成基于时空大数据技术的生态文明模式研究理论体系，弥补生态文明建设定量化研究的不足，从而推动生态文明建设与地理信息科学理论的发展。

2）在方法方面，通过结合大数据、自然语言处理、知识图谱、时空信息挖掘等技术，突破大范围、高效率、定量化、自动化的生态文明模式调查挖掘方法；有效提升生态文明模式调查挖掘信息的精度；设计顾及地理环境的生态文明模式推荐算法，进而形成生态文明模式调查分析与应用方法新体系。

3）在应用方面，通过构建中国生态文明模式数据库；揭示不同等级、不同区域、不同类型的中国生态文明模式空间分布格局及特征；开展生态文明模式推荐案例实践，为生态文明模式信息管理、时空特征分析、政府规划决策等提供重要的时空数据支撑与典型案例验证，从而推动生态文明建设的进程。

1.2　国内外研究现状

美丽中国生态文明模式调查、分析与应用相关的国内外研究现状如下。

1.2.1　生态文明模式调查现状

总体上来讲，生态文明模式调查呈现出数据翔实、方法传统、评价主观、结果零散和时效性弱的特点（张国强，2004；Wang et al.，2007；席建超等，2011；邓辉，2014；Xue and Li，2023）。其中，数据翔实是指生态文明模式调查所获得数据多为一手资料，数据内容真实、详尽、价值高，能够充分体现生态文明模式现状；方法传统是指当前生态文明模式调查方法主要以实地调查、文献分析和行政统计为主，并未深入应用大数据与人工智能等新兴技术；评价主观是指所采用方法均存在一定的主观性，不同评审者对评价结果存在影响；结果零散指的是生态文明模式调查结果的呈现形式零散，表现为不同行业、不同等级部门、不同机构均有调查结果发布，例如国家调查的农业生态文明模式、省部委公布的森林公园生态文明模式、市区级评定的生态修复治理模式，其结果缺乏统一分类及管理；时效性弱是指因模式调查对原始数据具有依赖性，调查结果揭示的模式信息存在一定时间有效性，仅能够反映特定时间范围内的生态文明模式现象。

具体来看，生态文明模式调查方法主要包括三类：实地调查法、文献分析法和行政统计法。实地调查法主要采用勘查、访谈、问卷等方式，通过与生态文明模式所在地居民进行近距离交流的途径，调查总结当地的生态文明模式（Riley and Harvey，2007；黄炜虹等，2016；Liu et al.，2016）。文献分析法是以学术文献、报道和专著作为主要数据源，通过整理、对比、归纳等方法，对其中记录的典型生态文明模式案例信息分析，进而调查生态文明模式及其技术内涵的一种方法（张丹等，2009；Velten et al.，2015；Li et al.，2020）。行政统计法是指由行政机构或部门开展的专项调查，通过使用行政命令的方法，从底层行政单位逐级向上提交典型生态文明模式，由上级单位组织专家评比打分，最终遴选调查生态文明模式的方法（Ye et al.，2002；张国强，2004；Wang et al.，2007）。需要注意的是，现有生态文明模式调查方法通常适合不同的空间尺度调查。由于实地调查法原始数据获取效率有限，该方法非常适合在当地小范围进行使用，如村庄和城镇等。相比之下，文献分析法的空间尺度依赖于案例研究的尺度大小，通常在城市或省级尺度的文献中生态文明模式的案例会较为丰富，易于对比分析。因此，文献分析法更倾向于城市或省级尺度。行政统计法，在理论上并不受限于研究对象的尺度，可以用遴选统计数据逐级对其生态文明模式进行对比分析。然而，随着方法分析区域尺度的增大，所需的遴选和统计信息将呈几何倍数增长，需要更长的调查周期。因此，行政统计方法也一定程度上受限于生态文明模式的调查尺度。

上述生态文明模式调查方法虽然具有调查深入、机理分析透彻、执行效率高等不同优势，但是在调查范围和调查效率等方面存在较大的局限性。例如，实地调查法一方面受限于访谈人员经验，另一方面受限于访谈的时长、深度与广度，需要充足的时间和人力成本，来获得充足的生态文明模式相关信息。因此，实地调查法调查效率较低，难以适用于大尺度的生态文明模式调查。文献分析法受限于已有文献资源主题内容及丰富程度。一方面文献内容主题易受到学术热点事件影响，导致大量文献聚焦于某个生态文明模式领域研究；另一方面，文献内容的过度贫乏或丰富也会影响文献分析法调研的结果，导致文献调研存在样本有偏，进而影响调查结果的准确性。例如，在调查区域农业生态文明模式时，多数研究聚焦在话题度高的热点模式，如"光伏农业生态文明模式""稻鱼生态文明模式""循环农业生态文明模式"等案例（Zheng et al.，2017；Wang et al.，2019a；Atinkut et al.，2020；王玲俊和陈健，2022）。同样，行政统计法仍在调查范围和效率方面存在局限，其原因在于此方法的执行需要明确的上级行政指令和政府财政的支撑，越是大范围的调查所需的人员和时间成本越大。例如，2003 年，农业部①在全国各县/区收集了500～800 例生态农业模式案例，通过国家生态农业示范区实践、逐级上报、筛选过滤和专家评审等过程，总结得出 10 种典型的中国生态农业生态文明模式，调查耗时近 5 年（张国强，2004）。

综上所述，当前生态文明模式调查以部门、行业、区域的局部调查分析为主，并未实现对全国或全球尺度的生态文明模式全局性调查。其原因主要在于两方面：其一，生态文明模式的概念与内涵不清晰，缺乏生态文明模式的系统分类体系，无法对不同领域的生态文明模式进行统一筛选及过滤；其二，生态文明模式调查方法在调查范围及效率方面局限性较大，难以大尺度、大范围、自动化地对生态文明模式进行调查挖掘，缺乏高效的信息化调查收集手段。因此，当前缺乏全国生态文明模式调查基础数据、格局分析及精准的应用推荐，大大制约了生态文明模式应用推广在生态文明建设中发挥的作用。

1.2.2 网络文本挖掘研究现状

随着互联网（Web）、Web2.0、Web3.0 的迅速发展，网络文本逐步成为信息的主要载体，覆盖记录了社会各个方面的信息资源，同时亦包括生态文明模式相关的事件报道、使用技术、模式影响、推广应用等内容，使得网络文本对生态文明模式调查、分析与应用的价值愈发重要（陆路正等，2022；Wang et al.，2022；Zeng et al.，2022）。

网络文本挖掘是指以互联网文本为主要数据源，例如各类新闻报道、百科文本、博文内容、评论信息等内容，从大量、非结构文本信息中抽取获得潜在的、用户感兴趣的模式、信息或知识的过程（Tu et al.，2003；Usai et al.，2018）。网络文本挖掘主要是以数理统计学和计算语言学为理论基础，让计算机自动发现目标文字出现的规律以及文字与语义、语法之间的联系，因而属于交叉学科涵盖信息检索、主题分析、信息抽取、信息关联等技术领域。对于生态文明模式调查、分析与应用而言，主要涉及网络爬虫技术用以获取相关的文本资源，地理信息抽取技术用以解析其中蕴含的主题、时间、空间、属性及关系等信息。下面分别对网络爬虫及地理信息抽取技术进行回顾。

（1）网络爬虫

网络爬虫是一种基于搜索引擎原理自动抓取网页并提取网页内容的程序（刘强和于娟，2015；Kumar et al.，2017）。需要注意的是，网络爬虫提取的网页内容是指网络传输中结构化文件（例如 HTML 或 XML）中传输的文字，需要通过地理信息抽取技术对其进行抽取才能够获取生态文明模式的相关记录和描述。基本原理是采用不同爬取策略获取系列统一资源定位符 URL（uniform resource locator），通过模拟构建互联网通信的方式，利用网络传输文件的结构化特性，最终解析获得网页内容。

总的来看，网络爬虫技术较为成熟，正在逐步向智能精准爬取方向发展，当前已拥有针对服务器通信、模拟浏览、大规模并行爬取等的技术框架，同时多种网页内容解析算法已封装并开源，为实现智能精准爬取，爬取策略正不断向智能语义解析方向演进。

在网络爬虫技术框架领域，已形成具有代表性的三大技术：Requests、Selenium 和 Scrapy（Dikaiakos et al.，2005；Guo，2021）。其中，Requests 技术是通过模拟人输入网址向服务器递交网络请求的行为，实现自动爬取 HTML 网页页面信息。根据 HTTP 协议对资源的六大操作方法，Requests 配备对应的 GET、POST、HEAD、PUT、PATCH、DELETE 6 个基础方法和一个 Request 通用方法，具有 HTTP 连接池自动化、持久 Cookie 会话、SSL 认证等基本功能。Selenium 技术是通过可视化模拟人输入网址、滚动鼠标、点击等动态操作实现网络信息爬取的方法，能够对 Chrome、Firefox、IE 等浏览器中的对象元素进行定位、窗口跳转及结果比较，具有执行网页 JS 加载、Ajax 动态异步等技术，能做到可见即可爬，支持 Python、Java、C#主流编程语言二次开发。Scrapy 技术是一个网站数据爬取和结构性数据提取的并行化大规模应用框架，包含引擎、调度器、下载器、解析爬虫、项目管道 5 个模块和下载器、解析爬虫两个中间件。该技术框架已设计爬虫通用的数据和业务接口，方便根据业务需求聚焦爬取、解析、下载、存储等操作。

在网页内容解析方法领域，针对语义资源定位、语法解析、数据交换等工具已较为成熟并封装开源，包括 Xpath、RE、BS4、JSON 等（杨健和陈伟，2023）。其中，Xpath 库，能够对特定数据进行定位，以更好地获取特定元素，通常存储在 XML 文档中，在一定程度上起着导航作用。RE 正则表达式库，通过规定一系列的字符及符号来进行数据筛选，实现图片、视频和关键字的搜索，进而实现网页内容信息的解析。BS4

库，运用 HTML 解析策略，把 HTML 源代码重新进行格式化，方便使用者对其中的节点、标签、属性等进行操作，完成网站数据的抓取、筛选操作。JSON 库，是一种轻量级的数据交换格式，采用对象和数组的组合形式表示数据，用于将数据对象编码为 JSON 格式进行输出或存储，再将 JSON 格式对象解码为 Python 对象。

在网络爬虫爬取策略领域，已形成了三类具有代表性的方法：启发式方法、经验爬行方法和概念语义爬行方法。其中，启发式方法是最经典的，可分为基于文字内容的启发式方法和基于超链接图的启发式方法。前者主要利用抓取网页中的文本链接、文本内容、URL 字符串信息分析和爬取，其代表方法有鱼群搜索策略、鲨鱼搜索策略以及最佳优先策略（Luo et al.，2005；Liu and Yao，2015）；后者考虑到超链接形成的有向图网络对爬虫爬取存在显著影响，进而形成了代表性的 PageRank 及其衍生算法和 HITS（hyperlink-induced topic search）算法策略（Kleinberg，1999；Shaffi and Muthulakshmi，2023）。经验爬行方法是利用每次爬行结果的反馈信息，进而优化指导网络爬虫进行策略调整的方法，代表性的有"二次爬行"和自学习爬取等（宋海洋等，2011；Rungsawang and Angkawattanawit，2005）。上述两种爬行策略都是基于网络文本的链接相关程度计算而来，缺乏对主题语义信息的分析，概念语义爬行方法是通过自上而下地添加待爬目标的概念语义信息，使得爬虫围绕目标主题更加智能高效地爬取网页文本。其中的概念语义信息可以分为两类：叙词表和本体。叙词表，亦称主题词表或检索词典，是一种概括某一学科领域，以规范化的、受控的、动态性的叙词（主题词）为基本成分，用于标引、存储和检索文献的词典。本体是针对领域内概念形式化规范化的概念组织方式，能够从不同层次明确概念及概念间的相互关系。利用叙词表和本体及其衍生的知识图谱能够更加高效准确地对领域信息进行爬取（夏崇镨和康丽，2007；Liu et al.，2022）。

由此看来，网络爬虫技术已较为成熟，能够有效支撑大规模海量的生态文明模式网络文本获取。与此同时，为了更加智能、准确、高效地实现网络爬虫爬取，需要构建美丽中国生态文明模式的本体及知识图谱，利用其蕴含的概念语义信息引导网络爬虫。

（2）地理信息抽取

地理信息抽取是指从自然语言描述的文本中识别并得到结构化的地理信息，主要包括地理实体（或事件、现象、过程等对象）、时间信息、空间信息、属性信息和关系信息（包含隶属关系、关联关系、空间关系等）（Jones and Purves，2008；Perea-Ortega et al.，2013；余丽等，2015）。

总的来看，地理信息抽取技术在方法层面较为成熟能够进行一定的推广应用，例如地名识别、属性抽取、主题识别、关系抽取等；在性能层面正处于不断提升完善的过程中，部分信息的抽取性能表现良好，如地理实体、时间信息、空间信息、属性信息等，部分信息的抽取性能受限于计算机学习模型的训练效果，例如关联关系、空间关系等关系类抽取任务。

从抽取方法层面分析，网络文本蕴含地理信息的抽取伴随着计算机识别模型发展，历经词典规则和机器学习两大阶段。在词典规则阶段，众多词典、词规则、句法规则、词表、模式库被构建并应用于地理信息抽取。例如，维基百科地名词典（Li et al., 2016）、地名专名与通名词典（邱莎等，2011）、时间词汇表（Raju et al., 2009）、属性规则库（Ghani et al., 2006；贾真等，2014）、空间规则库（乐小虬等，2005）。在机器学习阶段初期，学者们通过人工方式选取识别特征，将这些识别特征结合随机森林、最大熵模型、隐马尔可夫模型、条件随机场、支持向量机、Boostrapping 等模型，应用于地名识别、属性抽取、关系抽取等地理信息抽取任务中（俞鸿魁等，2006；张雪英和闾国年，2007；施林锋，2019；Kloeser et al., 2021；Li et al., 2022）。在机器学习阶段后期，深度学习模型逐渐兴起，凭借能够让机器自动学习特征的优势和 CNN、DBN、RNN、LSTM、BERT、AlBert 等各类深度神经网络和预训练模型，以替代或结合规则和传统机器学习模型的方式，在地名识别、属性抽取、关系抽取等抽取任务中得以广泛应用（Wang et al., 2018a；Kuang et al., 2020；Tao et al., 2022）。

从抽取性能层面分析，众多地理信息抽取任务可按当前识别性能高低分为两类：稳定类（包含地理实体、时间信息、空间信息、属性信息）和改进类（包括空间关系、语义关系和语义描述类属性信息）。在稳定类任务中，配合使用的规则和机器学习等模型能够令识别性能达到较好准确率和召回率，其中综合性能 F_1 值地理实体处于 0.90 ~ 0.95（Aldana-Bobadilla et al., 2020；Middleton et al., 2018；Wang and Hu, 2019）、时间信息处于 0.93 ~ 0.98（王亮亮，2018；Ma et al., 2022）、空间信息（主要指地名和地址）处于 0.88 ~ 0.92（Kumar et al., 2022；Wang and Hu, 2019）、属性信息处于 0.83 ~ 0.90（Kloeser et al., 2021；Raju et al., 2009；Yang et al., 2022），并且随着深度学习模型的发展，识别性能仍然在稳步不断提升。在改进类任务中，各类识别模型受到任务目标开放性、内容稀疏性、结构复杂性、表达多样性等特性的综合影响，综合性能 F_1 值处于 0.60 ~ 0.80，仍处于技术瓶颈突破期，需要进一步改进（余丽等，2015；Martinez-Rodriguez et al., 2020）。因此，在领域应用任务中，关联关系、隶属关系、空间关系等改进类抽取任务会采用传统词典规则模型方法，通过分析领域任务的语言学特征并结合人工构建规则的途径，提升抽取的准确率，进而达到实际应用的性能需求（Wang et al., 2022；Yang et al., 2022）。

由此可见，地理信息抽取技术已经能够满足基本的网络文本抽取解析需求，在地理实体、主题信息、时间信息、空间信息、属性信息等方面性能良好，而关联关系、空间关系、语义关系等方面识别性能仍处于不断提升过程中，在领域应用中可通过结合人工构建语言学规则的方法，提升抽取性能满足具体应用需求。

综上所述，网络文本挖掘技术日趋成熟，能够有效为生态文明模式调查提供技术支撑，实现大规模、大尺度、海量的美丽中国生态文明模式数据信息采集。为更加精准高效地对网络蕴含的生态文明模式信息获取，可以通过构建生态文明模式本体及知识图谱，以及针对生态文明模式文本描述语言特征构建规则的方式，进一步优化和改进网络爬虫及信息抽取模型。

1.2.3 地理知识图谱研究现状

数字化生态文明建设不仅需要大范围、海量的生态文明模式信息做支撑，同时更需要生态文明模式间复杂的关联知识，包括孕育生态文明模式的自然、经济、社会、文化等环境条件，以及环境条件与区域、区域与模式、模式与模式等知识（郎晓燕，2022；韩步江，2023）。如何科学合理地表达生态文明模式间的知识，并充分利用这类与空间地域、时空相关的知识，是数字化生态文明建设的关键所在。历经专家系统（1965年）、本体（1991年）、语义网（1998年）、关联网络（2006年），知识图谱（2012年）已成为知识工程中最先进的技术，特别是其延伸出以表达时空维度为特色的地理知识图谱，能够为数字生态文明建设知识的管理与应用提供支撑（贾亚杰和李振，2022）。

地理知识图谱（geographic knowledge graph, GeoKG）是一种由结构化有向图（节点-边）形式表示地理知识的语义网络[①]（陆锋等，2017；诸云强等，2022；Janowicz et al., 2022）。其可视为知识图谱技术在地理学领域的应用，其中地理知识被抽象为实体及其属性和实体间关系的集合（周成虎等，2021）。实体包含地理概念、术语、现象、过程、实例等；属性既包含实体的核心本质属性，也包含其描述属性；关系则包含时空、语义关系等。实体表示为图的节点，节点由属性进行标记，关系则为连接节点的边。为了使地理知识图谱在计算机中可理解和可计算，需要将图中的节点和边进行形式化表达。形式化表达的实现通常借助于资源描述框架（resource description framework, RDF），其基本单元是三元组<Subject, Predicate, Object>。其中，Subject代表实体，Predicate表示Subject和Object间的关系，Object代表实体或属性值。根据Object是否为实体，三元组可分为两种形式：<实体-关系-实体>表示不同实体间的关系；<实体-属性-属性值>表示实体的属性键值对。实体及关系均需要赋予统一资源标识符（uniform resource identifier, URI）以确保地理知识图谱中资源的唯一性，便于知识查询和推理。

从总体来看，地理知识图谱研究处于蓬勃发展阶段，近几年研究成果显著，内容覆盖有概念模型、知识抽取、知识融合、知识表示、知识补全和知识应用等方面（陆

---

① 语义网络（semantic network）由奎林（J. R. Quillian）于1968年提出，是一种以网络状结构表达人类知识构造的形式，同时也是人工智能程序运用的表示方式之一。

锋等，2017；诸云强等，2022；Zhang et al.，2022）。在概念模型方面，通过考虑地理状态、事件过程、演化关系等要素，地理知识图谱概念模型的表达能力逐步增强，能够有效支撑时空相关的事物、事件、演化过程的表达（Wang et al.，2019b；张雪英等，2020；Zheng et al.，2022）。在知识抽取方面，地理实体抽取和关系抽取的性能都在不断提升中，并且可以围绕特定的地理事件、地理现象、地理场景、地理过程开展知识抽取与图谱构建，例如舆情发展、智慧城市、污染事件、台风事件、疫情发展过程等（Wang et al.，2018a；Wang et al.，2020a；Ye et al.，2020；蒋秉川等，2020；罗强等，2023）。在知识融合方面，通过引入语言规则、概率模型、橡皮擦变换算子等方式，实现了地理事件时间、地图位置、事件要素等知识的融合对齐（Wei and Stewart，2015；Weinman，2017；Sun et al.，2019，2020；Zhan and Jiang，2019）。在知识表示方面，利用神经网络等预训练语言模型及编码算法等方式，地理知识图谱中的空间坐标、社交网络位置、地理实体、空间关系、语义关系实现了在向量空间中的表达，在智能问答、推荐排序、推理预测等领域中能够有效提升下游任务的性能（Wang et al.，2017；Santos et al.，2018；Yan et al.，2019；Yu et al.，2020；Mai et al.，2020；Dassereto et al.，2020；Mai et al.，2022）。在知识补全方面，随着语料库规模的不断增大、大型开放知识图谱共享、知识表示与嵌入技术的改进与生成式算法性能的提升，地理空间关系、语义关系、属性关系能够初步实现自动填补，但准确率仍有待提升（Qiu et al.，2019；Wang et al.，2019b；Wang et al.，2020b；Zhang et al.，2022；Huang et al.，2022；Omran et al.，2022）。在知识应用方面，往往通过利用地理知识图谱中地理实体或概念的关联关系和多重属性及语义信息，有效增强训练模型中的地理特征，进而实现下游任务性能的提升，例如智能问答、信息发现、信息推荐等（Zhu et al.，2017；Mai et al.，2020；Zeng et al.，2022；Long et al.，2023）。

综上所述，借助地理知识图谱具有的庞大网络结构、多重属性链接和丰富语义关联，地理知识图谱具有强大的知识表达能力、开放互联能力和推理预测能力（王曙，2018；袁文和袁武，2021；张雪英等，2020；Dsouza et al.，2021）。上述能力正是数字生态文明建设所急需的，一方面地理知识图谱能够有效组织表达生态文明模式相关知识，进而驱动高效的生态文明模式信息检索、关联分析、调查挖掘等任务；另一方面，美丽中国生态文明模式精准推荐，需要充分利用孕育生态文明模式环境要素间的复杂关系网络。因此，地理知识图谱及其相关技术有望能够在生态文明模式调查、分析与应用中发挥作用。

1.2.4　推荐系统研究现状

生态文明模式应用与推广的核心是回答"优质的生态文明模式可推广到哪些地区？"与"考虑当地特色，区域应当优先发展哪种生态文明模式？"等问题（陈云进，

2014；Fan et al.，2020；Xu et al.，2022）。在人工智能领域，利用大数据让计算机自动理解并寻找问题最佳答案的本质属于推荐问题。因此，生态文明模式推荐可视为构建适合的特定领域专有推荐系统，生态文明模式推荐系统的性能提升是生态文明模式应用推广的关键。

推荐系统是一种信息过滤的方法，通过考虑用户的需求、行为和偏好等特征，构建用于过滤排序的推荐系统模型，为用户筛选感兴趣的数据内容，以此达到缓解信息过载的目的（Lu et al.，2012；于蒙等，2022）。自1990年"推荐系统"概念被首次提出，推荐系统经历了长期的发展，按照方法机理差异可分为三大类：传统推荐系统、基于深度学习的推荐系统和基于知识图谱的推荐系统（王国霞和刘贺平，2012；Park et al.，2012；Pawlicka et al.，2021）。

传统推荐系统又可以分为三类，分别是基于内容的推荐系统、基于协同过滤的推荐系统和混合推荐系统（Park et al.，2012）。其中，基于内容的推荐系统，核心思想是以用户历史的选择记录或偏好作为参考推荐依据，找到与目标用户相似的用户，将相似用户的偏好项目作为推荐结果。基于协同过滤的推荐系统，是通过分析评分矩阵得到用户与项目之间的依赖关系，进而预测新用户与项目之间的关联关系（Yun et al.，2018）。混合推荐系统是综合上述两种方法的优点，一定程度上能缓解基于内容推荐系统存在的冷启动问题和协同过滤推荐系统存在的数据稀疏问题。然而，生态文明模式推荐较传统项目或商品推荐而言，无论是模式数量、模式属性还是样本量都更加稀少。由此看来，传统推荐系统面临的数据稀疏和系统冷启动问题，仍会存在于生态文明模式推荐中。

基于深度学习的推荐系统，是利用深度学习技术（特别是图神经网络）能够发现用户行为记录隐藏的潜在特征，以及用户与用户、用户与项目、项目与项目之间非线性关系的交互特征，从而提升系统的性能（黄立威等，2018）。图卷积神经网络是推荐中最常用到的图神经网络，其基本思想是将卷积运算应用到用户与项目的图数据中，常见的模型有NGCF、KGCN-PN、NIA-GCN（Sun et al.，2020；Sun et al.，2022）。然而，图神经网络推荐系统的可解释性不强，无法解释推荐系统内部的推理过程和推理依据，并且深度图神经网络的训练过程非常艰难（Xu et al.，2021；Liu et al.，2022）。因此，利用基于深度学习推荐系统解决生态文明模式推荐的难点在于是否能够提供足够的训练样本（即生态文明模式的案例密度）及算力，用以支撑模型的构建。

基于知识图谱的推荐系统，则是通过利用用户与项目知识图谱中丰富的语义信息和复杂的关联关系，挖掘用户偏好特征最终实现项目推荐，通常可按照知识图谱利用方式的不同，分为基于嵌入的方法和基于路径的方法（Pawlicka et al.，2021；张明星等，2023）。其中，基于嵌入的方法是用嵌入方式对知识图谱中实体和实体间的关系进行表征，通过这种方式可以对原有数据之间的语义信息进行补充，进而更加有利于发掘用户偏好，例如，KSP、KTGAN、BEM、CKE、MKR、KTUP等（Wang et al.，2019a；

Fan et al., 2022；Mezni, 2022）。基于路径的方法是根据知识图谱中的关系连接各用户及项目实体并生成路径，用户能够通过路径去发现与实体具有关联性的潜在项目，从而获取更加准确的用户偏好，例如，KPRE、RIPPLENET、PGPR、KGCN、AKGE、KGAT 等（Wang et al., 2019b；Wang et al., 2019c；Wang et al., 2021）。此外，在面向某些特定领域，通用推荐模型无法满足用户的个性化需求。因此，需要针对特定领域的特定任务设计推荐模型的结构，从而有效地提高推荐准确性。例如，SHINE 模型定制化设计了社交领域的知识图谱及网络间的关系，使得在社交领域中，每个人都有各自的社交关系和社交网络，增强了推荐模型中人与人之间评价和态度之间的语义关联，进而有效提升了社交领域推荐性能（Wang et al., 2018b）。CFKG 模型针对于销售领域，通过引入 TransE 翻译模型对知识图谱中实体和实体间的关系进行编码，并推荐模块中根据"购买"关系计算了用户和项目之间的欧式距离，进而提升了销售领域的物品推荐性能（Ai et al., 2018）。生态文明模式推荐相较于通用的项目或商品推荐具有更加丰富的语义关系，例如生态文明模式及孕育环境间的关系、不同地区间环境特征间的关系、不同生态文明模式与区域间的关系等。因此，构建生态文明模式知识图谱并利用其中的复杂关系，是实现生态文明模式精准推荐的潜在方案。

综上所述，推荐系统提供的顾及目标需求、行为和偏好等特征的过滤手段，是解决生态文明模式精准推荐的一种有效途径。然而，在生态文明模式推荐应用中仍存在以下两方面问题：第一，在生态文明模式推荐领域，当前高效的推荐模型可能无法直接满足应用需求，需针对模型完成领域性改进与数调；第二，推荐任务面临的通用问题在生态文明模式推荐中仍会存在，例如数据稀疏、冷启动难、训练样本不足等。解决上述问题是实现生态文明模式精准推荐及应用的关键所在。

1.3 研究目标与研究内容

1.3.1 研究目标

针对美丽中国生态文明模式存在概念内涵不清晰、收集调查不充分、数据资料不完备、应用推广不适合等问题，本书以信息科学与人文社会科学交叉为特色，系统开展生态文明模式调查、分析与应用，从生态文明模式的概念与分类、调查挖掘方法、数据库构建、格局分析及模式推荐等方面研究，旨在形成大数据环境下生态文明模式调查、分析与应用方法新体系，为政府规划决策提供重要的时空数据支撑与典型案例验证，有效推动生态文明建设的进程。

1.3.2　研究内容

围绕"概念界定—名录调查—数据构建—格局分析—推荐应用"的研究思路，美丽中国生态文明模式调查、分析与应用包括以下五方面研究内容。

(1)　美丽中国生态文明模式概念与分类研究

研究分析生态文明模式相关概念术语，明确生态文明模式概念，厘清美丽中国生态文明模式内涵特征及外延含义，梳理美丽中国生态文明模式间相互关系，在此基础上，提出美丽中国生态文明模式分类体系及编码。

(2)　生态文明模式调查与挖掘方法探索

系统收集生态文明模式现有名录集，重点突破覆盖国家尺度、大范围、高效生态文明模式调查方法，探索生态文明模式所在区域特色的定量评估方法，并对调查挖掘名录和收集名录进行评估、筛选及清洗，获取生态文明模式名录集合。

(3)　美丽中国生态文明模式数据库研发

围绕生态文明模式名录，突破生态文明模式空间化、属性关联等核心技术，研发美丽中国生态文明模式数据库，包含基础空间信息、资源水平、经济发展、环境程度、社会发展、民族文化等孕育模式诞生发展的各类属性信息。

(4)　中国生态文明模式空间格局分析

研究分析中国生态文明模式的总体空间格局，讨论不同等级、不同类型生态文明模式在全国的分布特点，并进一步按地理分区，分析并揭示区域内生态文明模式的空间分布特征与典型生态文明模式案例。

(5)　生态文明模式推荐与应用实践

研究设计生态文明模式推荐算法，实现顾及地理特征的生态文明模式推荐，在此基础上研发生态文明模式推荐系统，并以福建省为研究区域，开展生态文明模式推荐的应用示范验证。

1.4　研究方法与技术路线

根据上述研究目标与研究内容，本书以地理信息、计算机、大数据等多学科理论为核心，通过文献调研、归纳总结、信息挖掘、自然语言处理、实地调查等紧密结合的技术方法，采用"概念界定—名录调查—数据构建—格局分析—推荐应用"自顶而下设计的研究思路，分别开展美丽中国生态文明模式概念与分类、中国生态文明模式调查与挖掘、中国生态文明模式数据库建设、中国生态文明模式格局分析、生态文明模式推荐与应用实践研究，采用技术路线如图1-1所示。

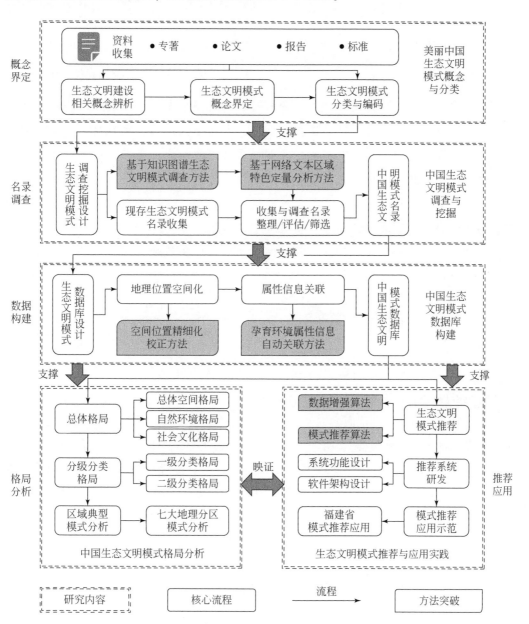

图1-1　美丽中国生态文明模式调查分析与应用总体技术路线

第 2 章
美丽中国生态文明模式概念与分类

美丽中国生态文明模式的调查、分析与应用是推动生态文明建设、实现可持续发展、达成美丽中国目标的有效途径。其中，覆盖全国范围、大尺度、多类型的生态文明模式调查是基础。然而，生态文明模式的概念和内涵尚不明确，并且缺乏科学、完整、系统的生态文明模式分类与编码体系，难以支撑生态文明模式调查的有效开展。本章从地理学角度出发，通过梳理生态文明建设的相关概念，明确美丽中国生态文明模式内涵及相互关系，提出美丽中国生态文明模式的分类体系及编码，为美丽中国生态文明模式的调查、分析与应用提供理论基础。

2.1　生态文明建设相关概念

为了加速实现生态文明的目标，党中央做出"大力推进生态文明建设"的战略决策，明确指出建设生态文明是关系人民福祉、关乎民族未来的长远大计，并且把生态文明建设放在突出地位，全面融入经济建设、政治建设、文化建设、社会建设各方面和全过程，将"努力建设美丽中国"设立为生态文明建设的重要目标。其中，生态文明建设涉及诸多概念，包括生态文明、美丽中国、原真地理特征、生态文明模式、生态文明模式孕育环境等，明确生态文明建设的相关概念，厘清它们之间的相互关系，是开展生态文明模式调查、分析与应用的前提，能够更好地理解生态文明模式的本质与内涵。下面依次阐述生态文明建设相关的概念内容。

2.1.1　生态文明

生态文明，是在人类文明发展过程中继原始文明、农业文明、工业文明之后强调人与自然和谐发展的一种新的文明形态。从狭义上讲，生态文明可看作是社会的第四种文明，要求人们用文明和理智的态度对待自然，而不能仅仅用野蛮粗暴的方式去改造自然、掠夺资源、破坏环境，要改善人与自然的关系，实现人与自然的和谐发展。

从广义上讲，生态文明是社会发展的重要阶段，主要包括以下含义：一是在生态理念上，人类要尊重自然，处理好自身及与其周围生态环境的关系；二是在生活方式上，倡导人们既要追求生活质量，也要养成保护生态与自然和谐相处的习惯；三是在生产方式上，坚持生态优先、保护优先的发展战略，实现人与自然的共生共荣和良性循环；四是在文化价值上，遵循自然发展规律的价值需求、行为规范和发展目标，使人们逐渐调整意识、规范行为，最终形成文化自觉（彭蕾，2020；周宏春和戴铁军，2022）。

"生态文明"一词开始正式在我国出现可以追溯到 2003 年，在《中共中央 国务院关于加快林业发展的决定》（中发〔2003〕9 号）中，第一次指出要"建设山川秀美的生态文明社会"。此后，在党的十七大报告中提出"建设生态文明"，在党的十八大报告中"建设生态文明"被认为是"关系人民福祉、关乎民族未来的长远大计"，在党的十九大报告中，"建设生态文明"的历史定位提升为"中华民族永续发展的千年大计"。2018 年 3 月，"生态文明"被写入宪法，成为全党的意志、国家的意志，也成了全体人民共同遵循的基本理念。

通过回顾生态文明的内涵及其发展历程可以看出，生态文明的地位不断提升，表明了党和国家对生态文明的重视程度提升到一个前所未有的新高度，标志着"人与自然的关系"从思想理念上已进入一个全新阶段。

2.1.2 美丽中国

美丽中国，是党的十八大正式提出的生态文明建设奋斗目标。美丽中国具有十分丰富的科学内涵，其作为生态文明建设目标的文学隐喻，不只是为了表达建设天更蓝、水更美、空气更加洁净、山河更加美丽的生态环境，同时也形象而充分地表现出中国特色社会主义现代化道路的全新视境（高卿等，2019）。

美丽中国可以从广义和狭义两方面进行内涵的解读（方创琳等，2019；习近平，2021）。从广义内涵分析，美丽中国是指在特定时期内，遵循国家经济社会可持续发展规律、自然资源永续利用规律和生态环境保护规律，将国家经济建设、政治建设、文化建设、社会建设和生态建设"五位一体"的总体布局落实到具有不同主体功能的国土空间上，形成山清水秀、强大富裕、人地和谐、文化传承、政体稳定的建设新格局，成为到 2035 年国家基本实现现代化的核心目标之一，成为实现"两个一百年"奋斗目标和走向中华民族伟大复兴中国梦的必由之路。从狭义内涵分析，美丽中国是指在特定时期内，遵循国家经济社会可持续发展规律、自然资源永续利用规律和生态环境保护规律，将国家经济建设、社会建设和生态建设落实到具有不同主体功能的国土空间上，实现生态环境有效保护、自然资源永续利用、经济社会绿色发展、人与自然和谐共处的可持续发展目标，形成天蓝地绿、山清水秀、强大富裕、人地和谐的可持续发展新格局。

不仅如此，美丽中国的内涵仍在不断完善，一方面要求建设尊重自然、顺应自然、保护自然的生态文明，另一方面也要统筹生态文明建设、经济、政治、文化和社会建设，促进不同维度建设的共同发展。

2.1.3 原真地理特征

在美丽中国生态文明建设中，尊重、顺应、保护自然是需要遵循的首要条件。其中，"自然"一词究竟指的内容是什么？怎样明确要尊重、顺应、保护的对象？对象的内涵和边界怎样去定义？为了回答这些问题，本书参考原真性、自然性、地理特征等名词内涵，将美丽中国生态文明建设应尊重、顺应和保护的对象命名为原真地理特征（Siipi，2004；张朝枝，2008；张成渝，2010）。

从上述角度出发，原真地理特征可理解为未受人类活动大规模影响或破坏的地理特征。地理特征是反映或代表区域的典型特点，包括具有独特价值的自然环境状态、社会经济条件、开发利用与保护情况等内容。其中，自然环境状态包括原真地理特征所在区域的地形地貌、气候气象、水文、土地覆被、土壤，以及生物多样性等；社会经济条件包括原真地理特征所在区域的行政区划、经济、人口、民族文化等；开发利用与保护情况包括：原真地理特征区域的交通设施、重大工程，原真保护状态及存在问题与面临威胁等情况。

2.1.4 生态文明模式

"摊大饼"式的城市化推进模式、高耗能高污染的经济增长模式、资源掠夺型的经济发展模式、化肥农药支撑下的农业发展模式等不科学的发展模式，给我国带来了严重的生态危机，让我们充分意识到改变发展模式是解决问题的关键。只有明确树立正确的绿色发展观、明确发展模式、发挥发展模式的作用与价值，才能够切实有效指导生态文明的建设方向。

在原真地理特征基础上，生态文明模式（也称生态文明发展模式）就是指导发展路径实现美丽中国目标的具体方案，用以回答"生态文明建设应当以怎样的方式、方法和途径开展"等问题。鉴于此，生态文明模式是一种人类尊重自然、顺应自然、保护自然，并合理利用自然，具有榜样示范作用，可模仿、可复制的人类与自然和谐共生的发展模式。其内涵的剖析与解读将在本章2.2节详细阐述。

2.1.5 生态文明模式孕育环境

生态文明模式的复制、推广与应用是生态文明建设的重要组成部分，同时也是美丽中国目标实现不可或缺的重要环节。想要实现生态文明模式复制、推广与应用，离不开对生态文明模式机理剖析。其中，生态文明模式机理包括两部分：技术特点和孕育环境。

生态文明模式技术特点是一种经验型的知识，体现生态文明模式机理的内容，如操作经验、新型材料、制度建设、程序规范等，能够通过知识传播的途径进行复制。因此，可以针对生态文明模式技术特点进行专项培训和指导，进而实现生态文明模式的复制、推广与应用。

生态文明模式孕育环境是一种约束型的知识，体现生态文明模式机理的条件，具体指自然本底状况、资源情况、经济业态、环境情况、社会发展程度和文化内涵等信息，对所处区域存在依赖性。换而言之，生态文明模式孕育环境一定程度上决定着区域可选择的生态文明模式类型。因此，在生态文明模式应用推广过程中，需要充分考虑生态文明模式孕育环境，才能科学正确地指导生态文明建设，达成美丽中国的目标。

2.2　美丽中国生态文明模式

2.2.1　美丽中国生态文明模式的内涵

美丽中国生态文明模式是一种人类尊重自然、顺应自然、保护自然，并合理利用自然，具有榜样示范作用，可模仿、可复制的人类与自然和谐共生的发展模式。其基本内涵包括广义和狭义两个方面。

从广义内涵分析，美丽中国生态文明模式是指遵循人与自然协调发展规律，符合可持续发展、绿色发展和协同发展理念，充分顾及生态文明模式孕育环境，使得生态、经济、社会、政治、文化等全方位和谐发展，落实到国土空间上形成的社会发展规律，进而能够有效协调、调度、指导区域资源，真正实现美丽中国建设目标。

从狭义内涵分析，美丽中国生态文明模式是指在特定时期内，遵循国家经济社会可持续发展规律、自然资源永续利用规律和生态环境保护规律，诞生的适宜区域长期发展的优秀生态文明建设方法。既能够实现物质经济的发展和自然环境的保护，也存在一定的普适性便于具有相似生态文明模式孕育环境的区域复制和模仿，进而加速推进生态文明建设进程。

鉴于此，美丽中国生态文明模式在应用区域内具有以下五个特征。

第一，社会持续发展。美丽中国生态文明模式应当持续促进区域的社会发展，包括经济、政治、文化、科技、生态等各方面，并能够通过模式深刻地影响区域内的人地关系，激发个体及群体组织的生产力。

第二，环境和谐共存。美丽中国生态文明模式需要能够逐步消除、减轻和避免对原真地理特征的损害，构建区域内人类和自然和谐共存的关系，逐步加深对人与自然和谐共生关系的理解。

第三，机制典型有效。美丽中国生态文明模式的运转机制应当逐步清晰明确，包括其核心技术特点和孕育环境约束，使其具有代表性、可学习、可借鉴的特点，并明确模仿复制的要求条件。

第四，制度规范稳定。美丽中国生态文明模式能够在遵循区域制度规范同时，促进国家经济社会可持续发展、自然资源永续利用和生态环境保护等制度的形成、发展和完善，令制度更加规范和稳定。

第五，文化影响广泛。美丽中国生态文明模式在区域内应当能够形成以模式为中心的模式文化，并且以模式文化的吸引力为牵引，对具有相似生态文明模式孕育环境的区域建立关系，引导模式的复制、演化和发展。

在上述五方面特征中，社会持续发展是本质特征，体现发展的核心内涵；环境和谐共存、机制典型有效、制度规范稳定、文化影响广泛，分别是条件特征、技术特征、制度特征和文化特征，为可持续的发展提供相应的领域支撑。对应于美丽中国生态文明模式内涵表达，可将前三者理解为基础特征，用以表达狭义内涵，后两者理解为扩展特征，结合前三者用以表达广义内涵。

2.2.2　美丽中国生态文明模式间相互关系

美丽中国并不是统一、固定、静态的生态文明建设目标，而是丰富多彩、相互关联、与时俱进的。因此，美丽中国生态文明模式也并非孤立存在的，它们之间具有多样化的关联关系存在，包含但不限于下述相互关系。通过多样化的关联关系，美丽中国生态文明模式能够相互吸引、相互组合、协同发展、共同演化，进而推动实现多样、动态、发展的美丽中国目标。

(1) 协同并存关系

美丽中国生态文明模式间存在并行关系，依据区域的原真地理特征，从不同领域引领区域协同发展。例如，河南省新安煤矿矿区以当地矿产资源为依托，形成的生态工业型清洁生产模式和绿色消费型生态旅游模式共存的景象。一方面，凭借丰富的矿产资源，设计多样化渐进式的绿色矿产生产方式；另一方面，将其中蕴含的旅游资源、矿产资源等合二为一形成"地质游园"，切实走出了一条"旅游型矿山、生态型矿区、文化型矿井"的发展之路。

(2) 演化发展关系

美丽中国生态文明模式间存在序列演化关系，围绕一种模式长期深入探索实践，演化发展出系列化的模式链条及组合关系。例如，山西省右玉县孕育形成的"右玉模式"，是一种以三北防护林工程为代表的荒漠化治理模式。在70多年的坚持与继承下，形成了以荒漠化治理模式为牵引，围绕"沙棘"这一对象的绿色生态种植模式、种养加模式、生态旅游模式等系列生态文明模式的演化发展。

(3) 牵引创新关系

美丽中国生态文明模式间存在牵引发散关系，以典型优势模式为核心，结合区域各类原真地理特征，发展不同形态的生态文明模式。例如，华东浙江青田、江苏盱眙、安徽霍邱等地，以生态农业类稻田养鱼模式为牵引，衍生出稻田养虾、养蟹、养蛙、养鸭、稻藕虾、藕虾等创新模式，既结合了当地的区域特色，也满足了周边多样化市场的需求。

2.3 美丽中国生态文明模式分类与编码

在明确美丽中国生态文明模式概念、内涵及相互关系的基础上，为系统开展美丽中国生态文明模式调查、分析与应用，需要系统、完整的美丽中国生态文明模式分类体系作指导。本节从美丽中国生态文明模式的应用角度出发，明确美丽中国生态文明模式的分类与编码原则，制定分类与编码方法，最终提出美丽中国生态文明模式的分类与编码。

2.3.1 美丽中国生态文明模式分类原则

美丽中国生态文明模式分类，需遵循下列四项原则。

(1) 科学性与实用性

按照生态文明建设最核心的属性及其中存在的逻辑关联作为分类科学依据，并考虑生态文明模式的实际推广应用。类目设置要全面、实用，突出重点、方便检索和引用。

(2) 稳定性与兼容性

美丽中国生态文明模式分类体系要保持相对的稳定，不受个体差异及变更的影响。

同时，需要充分考虑与国内外已有相关标准的兼容，如与《国家生态文明先行示范区建设方案（试行）》[①]、《国家生态文明建设试点示范区指标（试行）》[②]、《国家生态文明建设示范市县建设指标》[③]、《国家生态文明建设示范村镇指标（试行）》[④] 等标准规范，保持继承性和实际使用的延续性。

（3）唯一性与完整性

在美丽中国生态文明模式分类实施的过程中，在同一层级应采用相同的分类原则，避免各类生态文明模式互相重复或相互交叉，确保同一层次的分类具有唯一代表性。分类不遗漏重要的信息，确保生态文明模式的完整性。

（4）可扩展性

在美丽中国生态文明模式类目的扩展上需预留空间，保证可根据需要在分类体系上进行扩展和细化，以适应生态文明模式及其应用的变化和更新。

2.3.2 美丽中国生态文明模式编码原则

美丽中国生态文明模式编码，需遵循下列六项原则。

（1）唯一性

每一个美丽中国生态文明模式类目仅有一个代码，一个代码仅表示一个生态文明模式类目。

（2）合理性

美丽中国生态文明模式代码结构需与分类体系相适应。

---

① 发展改革委、财政部、国土资源部、水利部、农业部："《国家生态文明先行示范区建设方案》（试行）"，载中华人民共和国国务院新闻办公室网站，2015 年 9 月 16 日。http://www.scio.gov.cn/m/xwfbh/xwbfbh/wqfbh/2015/33445/xgbd33453/ Document/1448863/1448863.htm，2023 年 3 月 9 日访问。

② 中华人民共和国生态环境部："关于印发《国家生态文明建设试点示范区指标（试行）》的通知"，载中华人民共和国生态环境部政府信息公开网站，https://www.mee.gov.cn/gkml/hbb/bwj/201306/t20130603_253114.htm，2023 年 3 月 9 日访问。

③ 中华人民共和国生态环境部："关于印发《国家生态文明建设示范市县建设指标》《国家生态文明建设示范市县管理规程》和《"绿水青山就是金山银山"实践创新基地建设管理规程（试行）》的通知"，载中华人民共和国生态环境部政府信息公开网站，https://www.mee.gov.cn/xxgk2018/xxgk/xxgk03/201909/t20190919_734509.html，2023 年 3 月 9 日访问。

④ 中华人民共和国生态环境部："关于印发《国家生态文明建设示范村镇指标（试行）》的通知"，载中华人民共和国生态环境部政府信息公开网站，https://www.mee.gov.cn/gkml/hbb/bwj/201401/t20140126_266962.htm，2023 年 3 月 9 日访问。

（3）可扩充性

美丽中国生态文明模式代码结构需留有适当的后备容量，以适应不断扩充的生态文明模式需要。

（4）简明性

美丽中国生态文明模式代码结构需尽量简明，长度尽量短。

（5）稳定性

美丽中国生态文明模式类目代码一经确定，应保持不变。

（6）规范性

美丽中国生态文明模式代码的类型、结构以及编写格式需统一。

2.3.3 美丽中国生态文明模式分类与编码方法

在美丽中国生态文明模式分类方法方面，参考遵循《信息分类和编码的基本原则与方法》（GB/T 7027—2022）[①] 的规定和要求，采用线分类方法进行分类，包括三级类目：一级分类、二级分类和三级分类。

在美丽中国生态文明模式编码方法方面，参考遵循《信息分类和编码的基本原则与方法》（GB/T 7027—2022）的规定和要求，并且生态文明模式编码与分类对象的分类层次相对应，每一级分类都有相应的代码，同一级代码采用递增的数字码。代码自左至右表示的层级由高至低，代码的左端为最高位层级代码，右端为最低层级代码。

美丽中国生态文明模式编码采用三级分类编码。代码由一级分类、二级分类、三级分类的阿拉伯数字代码组成，代码结构如图2-1所示。

其中，一级分类，用1位阿拉伯数字表示，从1顺序编码；二级分类，用2位阿拉伯数字表示，从01顺序编码；三级分类，用3位阿拉伯数字表示，从001开始顺序编码。

2.3.4 美丽中国生态文明模式分类与编码

遵循美丽中国生态文明模式分类原则，采用上述分类与编码方法，美丽中国生态

---

① 中国标准化研究院：“信息分类和编码的基本原则与方法”，载全国标准信息公共服务平台，https://std. samr. gov. cn/gb/search/gbDetailed? id＝71F772D79061D3A7E05397BE0A0AB82A，2023 年3月9日访问。

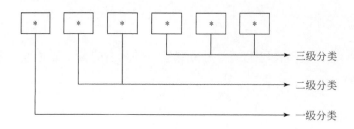

图 2-1　美丽中国生态文明模式分类代码结构示意图

文明模式类目与代码如表 2-1 所示。其中，包含 3 项一级生态文明模式、9 项二级生态文明模式、37 项三级生态文明模式。

表 2-1　美丽中国生态文明模式类目代码表

代码	一级分类	二级分类	三级分类	备注
100000	自然保护与生态环境修复治理模式			对应主体功能区中的禁止开发区和重点生态功能区
101000		自然保护地模式		对应主体功能区中的禁止开发区
101001			国家公园模式	
101002			自然保护区模式	
101003			自然公园模式	
102000		生态修复治理模式		对应主体功能区中的重点生态功能区
102001			生态系统保育与生态补偿模式	
102002			矿山生态修复模式	
102003			荒漠化治理模式	
102004			石漠化治理模式	
102005			水土流失治理模式	
102006			防风固沙模式	
103000		环境污染治理模式		
103001			大气环境治理模式	
103002			水环境治理模式	
103003			土壤环境治理模式	
103004			固体废弃物与化学品治理模式	
103005			海洋环境治理模式	
103006			区域生态环境协同治理模式	
200000	生态农林牧业发展模式			对应主体功能区中限制开发区域的农产品主产区

代码	一级分类	二级分类	三级分类	备注
201000		生态农业模式		
201001			生态种植业发展模式	
201002			生态养殖业发展模式	
201003			创新性生态农业发展模式	
202000		生态林业模式		
202001			林下经济模式	
202002			林业生态文化模式	
202003			林业生态工程发展模式	
202004			林业特色产业与产品模式	
202005			循环林业产业发展模式	
203000		生态畜牧业模式		
203001			畜禽粪污资源化利用模式	
203002			生态畜牧循环生产模式	
203003			饲料清洁生产模式	
300000	新型城镇与绿色工业发展模式			对应主体功能区中的重点开发区和优化开发区
301000		新型城镇化模式		
301001			生态城市模式	
301002			生态园区模式	
301003			特色小镇模式	
301004			美丽乡村模式	
302000		生态工业模式		
302001			绿色能源模式	
302002			清洁生产模式	
302003			循环经济模式	
302004			信息服务模式	
303000		绿色消费模式		
303001			生态旅游模式	
303002			低碳生活模式	
303003			生态文化模式	
900000	其他生态文明模式			用于扩展填录新诞生的生态文明模式

此外，随着生态文明建设进程的推进，新诞生的生态文明模式仍可在此分类与编码体系中进行扩展。美丽中国生态文明模式分类与编码表的扩展规则如下，如有新的一级分类，可按上述编码规则，在表 2-1 基础上进行扩展；在各类目下的二级、三级分类扩展时，可按递增的方式进行顺序编码；其他不在其标准范畴内的生态文明模式类别，可在其他生态文明模式中进行扩展。扩展时，新类目不得与已有的类目重复、冲突及语义不一致。

2.4 小　　结

本章针对美丽中国生态文明模式概念内涵不清晰问题，从地理学角度出发，围绕美丽中国生态文明模式概念与分类开展讨论。首先，讨论并明确了生态文明建设涉及到的诸多概念，包括生态文明、美丽中国、原真地理特征、生态文明模式、生态文明模式孕育环境等，厘清了它们之间的相互关系。其次，进一步针对本书研究对象美丽中国生态文明模式分析，完成了概念界定、内涵剖析及相互关系梳理。最后，结合其概念、内涵与相互关系，提出了美丽中国生态文明模式分类体系，为系统开展美丽中国生态文明模式调查、分析与应用提供理论支撑。

第3章

中国生态文明模式调查与挖掘

美丽中国生态文明模式调查是对其分析与应用的数据基础与前提条件。然而，当前生态文明模式调查以部门、行业、区域的局部调查分析为主，并未实现对国家尺度全局性的生态文明模式调查。核心原因在于缺乏高效的信息化调查收集方法，未能充分利用如大数据、网络文本、知识图谱、自然语言处理、地理信息系统等技术。鉴于此，本章从信息与智能化技术角度出发，设计生态文明模式调查挖掘总体方案，提出基于知识图谱和网络文本的生态文明模式调查及挖掘方法，结合收集现有名录，通过评估和筛选最终获取生态文明模式调查名录基础数据。

3.1 生态文明模式调查挖掘总体技术方案

美丽中国生态文明模式调查是一项大尺度、大范围、覆盖众多领域的工程。本节从总体方案设计层面，明确生态文明模式调查挖掘对象，确立调查挖掘原则，提出生态文明模式调查挖掘总体思路。

3.1.1 生态文明模式调查挖掘目标

调查挖掘目标的确立对美丽中国生态文明模式的调查和挖掘具有指导意义。然而，美丽中国生态文明模式调查挖掘目标受到多方面要素影响，包括主题范围、空间范围、时间范围和影响力范围。

在主题范围方面，生态文明模式覆盖范围广泛，从广义上来讲覆盖经济、社会、政治、文化、生态等多方面；从狭义上来看指具体的优秀生态文明建设方法。通过借鉴美丽中国生态文明模式分类体系，可以明确美丽中国生态文明模式的主题范围，包含自然保护与生态环境修复治理模式、生态农林牧业发展模式、新型城镇与绿色工业发展模式三大类。

在空间范围方面，生态文明模式调查与挖掘具有很大的空间跨度，可以包含全国甚至是全球。一方面考虑到生态文明模式调查挖掘是围绕美丽中国开展的，另一方面考虑到全球生态文明模式调查挖掘在跨语言、跨尺度、跨文化等方面的技术积累尚显薄弱，因此，本书生态文明模式调查与挖掘聚焦在我国国土空间范围内。与此同时，所调查挖掘的生态文明模式也要具有全国尺度的影响力。

在时间范围方面，国家发展和改革委员会于 2020 年 3 月印发的《美丽中国建设评估指标体系及实施方案》将 2020 年定为基年，计划每 5 年为一个周期，每个周期开展两次评估，即 2023 年开展首次美丽中国建设评估。因此，为配合美丽中国建设目标的实施与进程评估，可拟定调查挖掘评估基年生态文明模式名录，作为美丽中国建设本底参考。

综上所述，本书生态文明模式的调查挖掘的目标是，聚焦美丽中国建设目标，在美丽中国建设评估基年，形成我国国土空间范围内围绕美丽中国生态文明模式分类体系的具有国家级影响力的生态文明模式名录。

3.1.2 生态文明模式调查挖掘原则

生态文明模式调查与挖掘是自然科学与社会科学的交叉研究领域，因而本书综合自然科学实验调查和社会科学资料调查的相关原则及要求，对生态文明模式调查挖掘提出以下四方面原则。

（1）客观性

客观性是指在生态文明模式调查挖掘中，调查者应当按照事物原本面貌了解事实本身，必须无条件地尊重生态文明模式调查事实，如实记录、收集、分析和运用材料。调查者在调查过程中，须遵循实事求是的科学态度，不能够对调查对象抱有成见，对事实及现象进行真实记录。

（2）多向性

多向性是指在生态文明模式调查挖掘中，应当从多角度、多侧面、多来源获得生态文明模式的相关材料，注意横向与纵向，宏观与微观，多因素与个别因素的多方向印证，使得生态文明模式调查挖掘可信、丰富、可持续，并能够全面正确地反映调查对象。

（3）相关性

相关性是指在生态文明模式调查挖掘中，调查者应当明确调查目标，确保生态文明模式调查挖掘内容与调查目标一致，并以此为依据选取相应的调查挖掘方法和技术路线。

(4) 可行性

可行性是指在生态文明模式调查挖掘中，调查者应当遵照客观规律，以资源有限为出发点，充分考虑调查挖掘研究对象现状、实施技术可行性、研究周期、调查难易程度等条件。这些条件会极大程度上影响调查研究的质量和可行性，必须综合考虑。

3.1.3　生态文明模式调查挖掘总体思路

围绕生态文明模式调查挖掘目标，在遵循上述调查挖掘原则的基础上，结合大数据及人工智能技术，生态文明模式调查挖掘的总体思路设计如图3-1所示。其中，生态文明模式目录获取需要四项核心步骤：现存生态文明模式名录收集、基于知识图谱的生态文明模式调查、基于网络文本挖掘的生态文明模式调查和生态文明模式调查名录筛选。

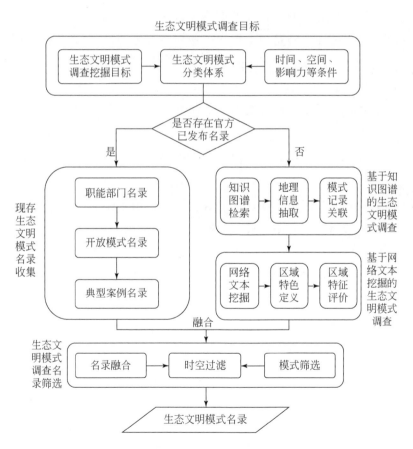

图3-1　生态文明模式调查挖掘总体思路流程图

需要注意的是，针对调查挖掘目标可以分为两种思路解决并最终融合。对于存在官方已发布名录的生态文明模式，可以通过部委官方网站、开放门户网站和典型案例集进行收集；对于缺乏官方发布名录的生态文明模式，需要设计并提出生态文明模式的调查挖掘方法，指导大范围高效的生态文明模式名录获取。最终，通过各项筛选、过滤、融合等步骤，获取美丽中国生态文明模式目录。

3.2 生态文明模式名录调查整理

针对官方已发布名录的生态文明模式，自上而下开展生态文明模式名录调查整理是有效的收集方法，可以系统梳理当前已被论证过的生态文明模式信息。

3.2.1 生态文明模式名录收集目标

自党中央 2012 年做出"大力推进生态文明建设"重要战略决策算起，我国生态文明模式的建设与评估已经具有非常深厚的积累，明确了生态文明模式建设的目标、发展模式、发展方向，并在实施路径上做出了切实的部署与深入的实践，打造了诸多生态文明建设样板工程。例如，经过建设与评审形成了"中国国家公园"、各类各级"自然保护区"、各类各级"自然公园"、"生态工业示范区"、"特色小镇"、"绿色矿山"等一系列官方认证的生态文明模式名单。上述名单为生态文明模式调查提供了极为优质的数据基础。

因此，生态文明模式名录收集可以针对官方认证的生态文明模式名录，采用自上而下的方法，参照美丽中国生态文明模式分类体系进行手工收集整理。需要注意的是，考虑生态文明模式调查目标为全国尺度并具有国家层面影响力，官方名单只包括国家级各类名录，不包含省、市级别各类评审名录。

3.2.2 生态文明模式名录收集名录

对照美丽中国生态文明模式分类体系，官方认证的生态文明模式名录信息收集如表 3-1 所示。可以看出，现存官方名录能够覆盖大部分美丽中国生态文明模式一级、二级分类类目，但是对于生态农林牧业发展模式类生态文明模式（一级分类）存在明显缺失。生态种植业发展模式、生态养殖业发展模式、林下经济模式、林业生态文化模式、林业生态工程发展模式、林业特色产业与产品模式、循环林业产业发展模式、畜禽粪污资源化利用模式、生态畜牧循环生产模式、饲料清洁生产模式等 10 项三级分类类目，并未存在与之对应的生态文明模式发布名录相匹配。

表 3-1 生态文明模式调查统计的名录基本信息

一级分类	二级分类	三级分类	官方名录名称	名录数量（个）	参考出处
自然保护与生态环境修复治理模式	自然保护地模式	国家公园模式	《中国国家公园名录》	10	http://www.forestry.gov.cn/sites/main/main/zhuanti/20200805gjgy/index.jsp
		自然保护区模式	《国家级自然保护区名录》	474	http://www.cnnpark.com/res-nr-unit.html
			《国家级海洋特别保护区》	38	http://www.chinaislands.org.cn/c/2017-04-17/1745.shtml
			《国家级水产种质资源保护区》	463	https://baike.baidu.com/item/中国国家级水产种质资源保护区
			《国家沙漠(石漠)公园》	55	https://baike.baidu.com/item/中国国家沙漠公园
			《国家草原自然公园》	39	https://www.sohu.com/a/415685417_168296
		自然公园模式	《国家湿地公园名录》	898	http://www.cnnpark.com/res-np-w.html
			《国家森林公园名录》	879	http://www.cnnpark.com/res-np.html
			《国家地质公园》	219	http://www.gjgy.com/chinangp.html
	生态修复治理模式	生态系统保育与生态补偿模式	《生态综合补偿试点县》	57	https://www.ndrc.gov.cn/xxgk/zcfb/tz/202003/t20200303_1222207.html
		矿山生态修复模式	《中国生态修复典型案例集》	5	http://greenmines.org.cn/
		荒漠化治理模式	《中国生态修复典型案例集》	4	http://www.forestry.gov.cn/
		水土流失治理模式	《国家水土保持生态文明综合治理工程名录》	44	http://app.gjzwfw.gov.cn/jmopen/webapp/html5/stbcstwmgc/index.html#
生态农林牧业发展模式	生态农业模式	生态种植业发展模式	无	无	—
		生态养殖业发展模式	无	无	—
		创新农业模式	《创业创新园区(基地)目录》	1096	http://www.moa.gov.cn/nybgb/2017/dqq/201712/t20171230_6133922.htm
			《国家现代农业示范区》	309	http://www.moa.gov.cn/ztzl/xdnysfq/
	生态林业模式	林下经济模式	无	无	—
		林业生态文化模式	无	无	—
		林业生态工程发展模式	无	无	—
		林业特色产业与产品模式	无	无	—
		循环林业产业发展模式	无	无	—

一级分类	二级分类	三级分类	官方名录名称	名录数量（个）	参考出处
生态农林牧业发展模式	生态畜牧业模式	畜禽粪污资源化利用模式	无	无	—
		生态畜牧循环生产模式	无	—	—
		饲料清洁生产模式	无	—	—
新型城镇与绿色工业发展模式	新型城镇化模式	生态城市模式	《国家生态园林城市名录》	19	http://www.mohurd.gov.cn/wjfb/202001/t20200123_243723.html
		生态园区模式	《国家生态工业示范园区名单》	48	http://www.mee.gov.cn/gkml/hbb/bwj/201702/t20170206_395446.htm
		特色小镇模式	《国家特色小镇目录》	403	https://baike.baidu.com/item/中国特色小镇
		美丽乡村模式	《中国美丽休闲乡村》	260	http://www.moa.gov.cn/gk/tzgg_1/tfw/201912/t20191220_6333696.htm
			《中国美丽乡村百佳范例名单-第一批》	104	中国美丽乡村百佳范例获选名单［J］．农村工作通讯，2017（8）：2
			《中国美丽乡村百佳范例名单-第二批》	104	https://www.sohu.com/a/304904363_669627
			《首批地质文化村镇名单》	26	http://www.geosociety.org.cn/?category=bm90aWNl&catiegodry=MTI1MTE=
	生态工业模式	绿色能源模式	《国家首批绿色能源示范县名单》	108	http://www.nea.gov.cn/2010-11/19/c_131054898.htm
		清洁生产模式	《全国绿色矿山目录》	301	http://greenmines.org.cn/index.php?m=content&c=index&a=show&catid=18&id=3933
	绿色消费模式	生态旅游模式	《国家级风景名胜区》	244	http://www.gov.cn/zhengce/content/2017-03-29/content_5181770.htm
			《国家水利风景区》	878	http://slfjq.mwr.gov.cn/jqbk/202101/t20210121_1496518.html
			《国家级海洋公园》	41	http://www.chinaislands.org.cn/c/2017-04-17/1745.shtml
			《国家沙漠(石漠)公园》	55	https://baike.baidu.com/item/中国国家沙漠公园
			《国家草原自然公园》	39	https://www.sohu.com/a/415685417_168296
		低碳生活模式	《国际慢城名录》	13	http://chinacittaslow.com/index.php?c=article&id=827
		生态文化模式	《中国世界文化遗产目录》	53	http://whc.unesco.org/zh/list/

因此，生态文明模式调查与挖掘的重点和难点在于获取未存在官方名录的生态文明模式，特别是生态农林牧业发展模式，涵盖生态农业模式、生态林业模式、生态畜牧业模式三个二级分类类目。

3.3　基于知识图谱的生态文明模式调查方法

3.3.1　基于知识图谱的生态文明模式调查目标及思路

为了获取未存在官方名录的生态文明模式，特别是生态农林牧业发展模式，需要一种覆盖大范围、大尺度、快速高效的生态文明模式调查方法。结合当前国内外研究现状可知，网络文本记录着生态文明模式相关的事件报道、使用技术、模式影响、推广应用等内容，并且网络爬虫技术已较为成熟，能够支撑大规模、海量的生态文明模式网络文本获取。但是，更加快速且高效的生态文明模式调查需要构建相应领域的生态文明模式知识图谱，利用其提供的精准语义信息来指导爬取和解析。

鉴于此，本书提出并利用基于知识图谱的生态文明模式调查方法对农业相关的生态文明模式进行大范围高效调查。从总体思路方面讲，基于知识图谱的生态文明模式调查方法可大致分为三个阶段：网络信息采集、地理信息抽取和生态文明评估，如图3-2所示。

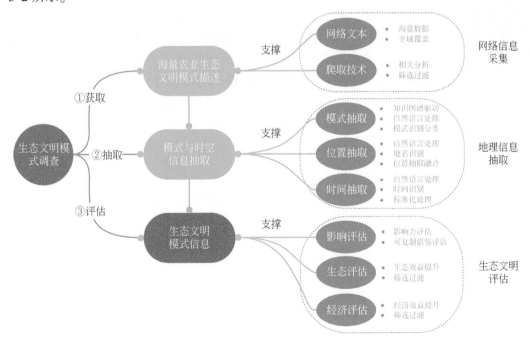

图 3-2　基于知识图谱的生态文明模式调查方法思路

其中，网络信息采集阶段，是通过网络文本和爬取技术获取海量的农业生态文明模式描述信息；地理信息抽取阶段，是利用模式抽取、位置抽取、时间抽取等方法抽取获得模式与时空信息；生态文明评估阶段，是对获得的生态文明模式描述信息进行评估过滤，判断其是否属于典型、有代表性的生态文明模式。

需要注意的是，为能够让计算机自动处理并准确定量化地判别生态文明模式，方法中的生态文明模式采用狭义内涵界定，其社会持续发展、环境和谐共存、机制典型有效三方面特点，具体表现为：社会经济稳定或增长、环境修复或改善、空间呈现复制学习现象。换言之，生态文明模式是在经济效益和生态效益之间表现出良好平衡发展，且在类似地区推广的突出区域发展模式。

故生态文明模式 EA 可被形式化定义为下式：

$$EA = \{ a_n \in (S_e \cap E_c \cap E_g) \mid n \in \mathbb{R}^+ \} \tag{3-1}$$

式中，a_n 为突出区域发展模式，在网络文本中可被多次探知；S_e、E_c 和 E_g 分别表示其在空间呈现复制能力、生态环境修复或改善、社会经济稳定或增长。空间呈现复制能力表明生态文明模式应该有一定数量的实现案例分布在不同的区域。生态环境修复或改善表明生态文明模式可以有效防止当地生态环境的破坏。社会经济稳定或增长表明其可以促进当地经济的发展。S_e、E_c 和 E_g 应满足其相应的阈值，即 $S_e > \theta_{se}$，$E_c > \theta_{ec}$ 及 $E_g > \theta_{eg}$。由此，生态文明模式可以在计算机中被自动化地计算和识别。

3.3.2 基于知识图谱的生态文明模式调查技术方法

根据基于知识图谱的生态文明模式调查思路"网络信息采集—地理信息抽取—生态文明评估"，详细的技术方法路线可被设计，主要包括网络信息获取、地理信息抽取和生态文明模式评估三个核心步骤，如图 3-3 所示。

在网络信息获取步骤中，核心任务在于从网络文本中获取大量生态文明模式原始文本语料。由于直接使用"生态农业"等概述性词汇无法精准获得生态文明模式描述信息，因此需要构建生态文明模式知识图谱，并以此提供丰富语义支撑。随后利用网络爬虫技术爬取生态文明模式原始文本，经过不相关及重复文本过滤等操作，形成生态文明模式原始文本语料库以备提取。

在地理信息抽取步骤中，核心目标是从生态文明模式原始文本语料库中生成生态文明模式记录信息（包含模式、类型、位置、时间等）。将抽取任务分解，具体包括 5个子步骤：抽取预处理、生态文明模式抽取、空间位置抽取、时间抽取和生态文明模式记录关联生成。

在生态文明模式评估步骤中，核心目标是通过对生态文明模式的界定，选取相应的空间、生态和经济影响等指标，对关联生成的生态文明模式进行筛选过滤，得到生态文明模式名录，进而支撑生态文明模式的后续衍生分析，如空间格局等。

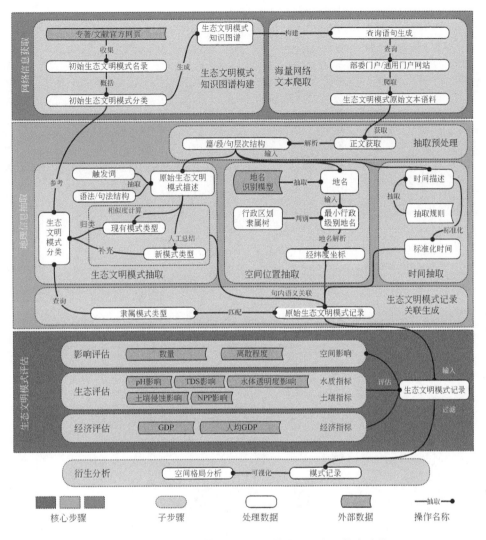

图 3-3　基于知识图谱的生态文明模式调查方法技术路线

（1）网络信息获取

网络信息获取包括两个子步骤：生态文明模式知识图谱构建和海量网络文本爬取，最终获得生态文明模式原始文本语料。

第一，生态文明模式知识图谱构建。

生态文明模式知识图谱构建由三部分构成：知识体系构建、网络数据爬取和知识图谱构建。

知识体系构建以生态文明模式为核心，系统调查与研究相关领域及其对知识的需求，科学设计和梳理生态文明模式知识分类体系，包含有各类生态文明模式的概念、概念内涵描述、概念间的关系（主要包括层次关系和同义关系）和具有代表性的实例信息。以生态种植业模式为例，其内容和结构可参见图 3-4。

美丽中国生态文明模式调查、分析与应用

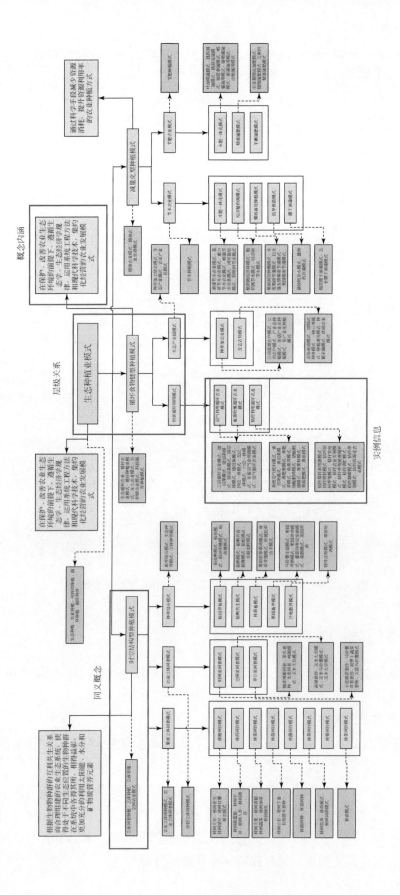

图3-4　生态种植业模式知识体系示意图

网络数据爬取部分是基于已构建的生态文明模式知识体系及其中具体模式名称，利用 scrapy 等网络爬虫开源框架，从专业类（部、省、市等官方网站的新闻、公告、通知等）和通用类（新浪、百度等知名平台的新闻、博客等）等不同网络数据源中，获取海量的生态文明模式描述文本，参见图 3-5。

id	text_link	title	date	autho	source_from	content
{'$oid': '5f12	https://baijiaha	微生物技术 开启生态农业	2020年01月17日17:		农业科技报	农业科技报-中国农科新闻网记者 王海明 张莉1
{'$oid': '5f12	http://news.sina	关注|专家观点:微生物技才	2018年01月26日23:		新浪新闻	特点：养殖的能耗下降、防疫成本降低、无臭气
{'$oid': '5f12	http://www.hubei	专家观点:微生物技术将从	2018年02月08日16:		湖北省人民政府	专家观点：微生物技术将从根本上转变农业的生
{'$oid': '5f12	http://hb.people	杨自文委员建议:发展微生	2018年01月26日17:		人民网	人民网武汉1月26日电 （周雯）1月26日，湖北
{'$oid': '5f12	https://baijiaha	美国已经着手,中国刚起步	2018年02月07日08:		农业行业观察	农业行业观察综合消息：早在2016年5月13日，
{'$oid': '5f12	http://epaper.gm	微生物农业的大作为	2018年02月04日01:		光明数字报	——访湖北省政协委员杨自文作者：本报见习记
{'$oid': '5f12	https://baijiaha	中科院微生物研究所齐鲁玐	2020年03月13日14:		同花顺财经	发布时间：03-1314:41同花顺财经官方帐号，万
{'$oid': '5f12	https://baijiaha	拥有八万株微生物宝藏,慕	2019年09月09日10:		35斗	35斗发布时间：19-09-0910:03自然资源日益短
{'$oid': '5f12	https://tech.sin	微生物农业风头劲,13家企	2019年07月03日14:		新浪	Indigo Ag致力于研究能够在气候变化中生存的
{'$oid': '5f12	https://china.hu	国家微生物农业产业技术创	2017年09月02日18:		环球网	来源： 央广网2017-09-02 18:43央广网北京9月
{'$oid': '5f12	https://baijiaha	三生三美看山东|威海上善	2020年07月08日16:		海报新闻	三生三美看山东|威海上善堂：光伏+农业“尝鲜
{'$oid': '5f12	http://ah.anhuin	精准援藏:现代光伏农业 且	2020年07月17日01:		中安在线网站	中安在线 2020-07-17 00:36:00 作者
{'$oid': '5f12	https://baijiaha	粮荒来了要屯粮?光伏农业	2020年04月14日16:		元一能源	受新冠疫情及区域自然灾害影响，3月下旬以来，
{'$oid': '5f12	http://www.xinhu	山东即墨:服务光伏农业产	2019年08月05日16:		新华网客户端	评论新华社济南8月5日电（记者刘硕）8月2日，
{'$oid': '5f12	https://baijiaha	光伏扶贫:太阳照在希望的	2020年05月19日21:		中国电子报	“尽管今年的新冠肺炎疫情对全球经济运行产生
{'$oid': '5f12	https://baijiaha	昌盛日电在全国29省建百余	2019年03月06日09:		大众网青岛	昌盛日电在全国29省建百余光伏农业园 创新“光
{'$oid': '5f12	https://new.qq.c	农户照搬光伏农业模式,光	2018年11月04日00:		腾讯新闻	照葫芦画瓢之事，多不被看好，但是却一直有人
{'$oid': '5f12	https://www.in-e	“一光多照、一地多收”协	2018年06月26日09:		国际能源网	“渔光互补”是将光伏发电项目与农业生产相结
{'$oid': '5f12	https://baijiaha	2020年智慧农业物联网日津	2020年07月04日10:		圣启物联农业	通关相应的环境监测设备，对农作物种植区域的
{'$oid': '5f12	https://baijiaha	农业物联网|浅谈物联网在	2020年06月22日16:		51物联卡	物联网是近年来新兴的技术模式，也在全国范围

图 3-5 生态文明模式描述文本的内容项示意图

知识图谱构建，将融合由专家知识构建形成的知识体系和通过网络爬取数据获取的模式描述信息，明确生态文明模式概念、实例以及其中蕴含的关系，进而形成生态文明模式知识图谱。生态文明模式知识图谱的构建，可为生态文明模式数据爬取和信息解析提供丰富的语义信息，包括生态文明模式的名录、生态文明模式间的同义、层级、关联等关系。其中，生态文明模式概念、实例及蕴含关系的表达参见图 3-6；构建形成的生态文明模式知识图谱子图参见图 3-7。

第二，海量网络文本爬取。

海量网络文本爬取是生态文明模式调查的关键点，涉及媒介门户选取、文本爬取策略和主题信息过滤三方面。

在媒介门户选取方面，由于网络新闻类型多、门户多、信息杂，网络文本的抓取应当以核心门户网站为重点。为了消除媒介门户网站的有偏性，可选择三种类型的媒体门户作为爬取入口，如领域门户网站、百科类门户网站和知名新闻门户网站。领域门户网站以农业生态文明模式为例，选取了国家级门户（http://www.moa.gov.cn/）、省级门户（http://coa.jiangsu.gov.cn/）和市级门户（http://nyncj.nanjing.gov.cn/）。领域门户网站包含官方发布的农业领域专题报告，具有权威性。百科类门户网站，如百度百科（https://baike.baidu.com/），收集到的生态文明模式意味着它们已经被一定程度上验证，具有较高的可信度。知名新闻门户网站是指有影响力的新闻门户网站（如央视新闻等）的门户。知名新闻门户具有重大影响和众多用户，具有严格收集流程和内容标准，同样具有高质量生态文明模式报告。总之，上述三类媒介门户中的新闻

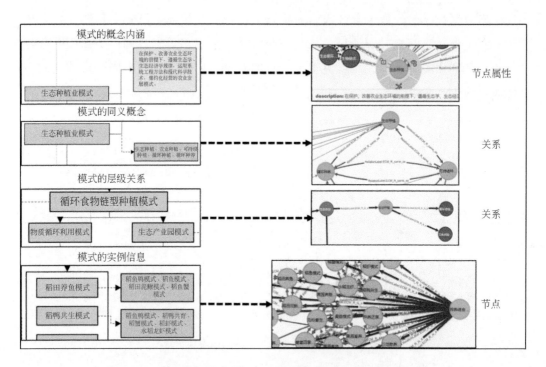

图 3-6　生态文明模式中概念、实例及蕴含关系的表达示意图

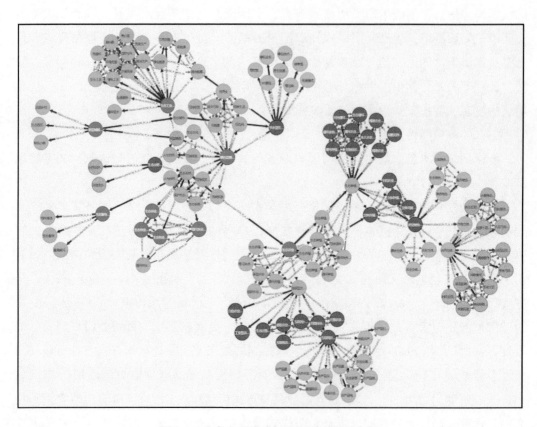

图 3-7　生态文明模式知识图谱子图示意图

文章更权威、更有影响力。

在爬取策略方面，为了从媒介门户准确抓取生态文明模式相关的文章报道，可以通过包含专有生态文明模式词汇和领域总体词汇的检索语句进行查询，如式（3-2）。其中，以农业生态文明模式为例 {EAPVs} 指农业生态文明模式知识图谱中的词汇（三、四级生态文明模式名称），具体可参见表 3-2；dword 指领域性词汇，例如"农业""发展模式""可持续"等。

$$\text{search query} = \{\text{EAPVs}\} + \text{dword} \tag{3-2}$$

表 3-2　农业生态文明模式分类体系三级与四级名录

三级分类	四级分类
生态种植业模式	林粮间作模式、林药间作模式、林菜间作模式、林苗间作模式、林菌间作模式、林草间作模式、林花间作模式、林果间作模式、菌草间作模式
	时间差间套模式、空间差间套模式、养分差间套模式
	节水农业模式、节肥农业模式、抗旱保苗模式、膜下滴灌模式、农业贮藏模式、小农模式、种植加工模式、种植修复模式、自繁自养模式、设施农业模式、水肥一体化模式、精准施肥模式、沼气利用种植模式
	稻鱼类模式、稻畜类模式、林草畜模式、果园畜养模式、沙地散养模式、种养加模式、稻鱼鸭类模式、畜沼果模式、多元立体循环种养、秸秆循环种养、种养结合大类、种养循环模式
生态养殖业模式	发酵床养殖模式、粪便还田模式、粪便资源化利用模式、沼气集中利用模式、畜粪收集循环种植模式、秸秆循环利用模式、复合沼气利用种养模式
	二段式养殖模式、水禽水产模式、鸡猪模式、水产混养模式、错时养殖模式、养殖加工模式、循环养殖模式、放养散养模式、设施养殖模式、养殖修复治理模式、分散种养模式、藕种养模式
创新性生态农业发展模式	微生物农业模式、物联网精准农业模式、光伏农业模式、工业化种养殖模式、高品质种养模式、全链条管理种养模式、吨粮模式、科技助农模式、科技种植模式
	互联网农产品销售模式、农业众筹模式、订单认养模式、共享农业模式、合作模式
	生态园区综合体模式、庄园采摘模式、科技农业园区模式

在主题过滤方面，必须过滤抓取的原始文章，删除不相关和重复的描述，因为这些内容会对后续的生态文明模式分析与应用产生极大影响。主题过滤包括两个部分：不相关文本过滤和重复文本过滤。

其中，不相关文本过滤会删除不相关的描述信息、文档或文章，比如广告、词汇解释、游记和其他不相关的生态文明模式描述内容。在此过程中，可以使用开源广告文本识别工具（如 funNLP python 包）和主题模型（如 LDA 模型）过滤文本是否为生态文明模式描述。

重复文本过滤需要分为两种情况处理，因为两种情况中具有完全不同的含义。第一种是收集性重复，即从同一网站多次收集到同一篇报道。这意味着文章被重复记录，应该被删除。第二种是转发性重复，即从不同网站多次收集同一篇报道。这种情况重复报道是有价值的，代表了生态文明模式具有更大的影响，并且网站越权威，文章的影响力就越大。因此，这些重复记录需要保留。具体类型、描述和处理策略参见表 3-3。

表 3-3　网络文本中两种不同类型的生态文明模式重复现象及策略

类型	描述	形式化结构	策略	过滤后的记录示例
收集性重复	相同平台中检索到的相同模式描述	记录 1—平台 A：报道 a 记录 2—平台 A：报道 a 记录 3—平台 A：报道 a	删除同一平台的全部重复记录	记录 1—平台 A：报道 a
转发性重复	不同平台中检索的相同模式描述	记录 1—平台 A：报道 a 记录 2—平台 B：报道 a 记录 3—平台 C：报道 a	保留不同平台的相同记录	记录 1—平台 A：报道 a 记录 2—平台 B：报道 a 记录 3—平台 C：报道 a

（2）地理信息抽取

地理信息抽取包括五个子步骤：预处理、模式抽取、空间位置抽取、时间抽取和模式记录聚合，最终获得生态文明模式记录集合。

第一，预处理。

将生态文明模式原始文本语料进行预处理，将语料库中的每个文档解析为具有段落节点、句子节点和子句节点的树状结构。该结构将复杂的提取问题简化为短子句抽取任务，并获得清晰的句子逻辑来用以关联所抽取的模式、位置和时间信息。预处理的步骤是首先从获取语料库中解析出每个文档的正文，可利用相关开源工具（例如goose3）。然后将语料内容分解为层次结构。

第二，模式抽取。

模式抽取是从新闻报道文本中获取生态文明模式的描述文字。可以采用基于正则表达式的模式匹配方法，其正则表达式分为两类：有触发词类和无触发词类。有触发词类是利用触发词等文本字符特征抽取对应的生态文明模式，其正则表达式例如"采取了{0,1}"（（.）+）"（.）+模式"；无触发词类是利用模式描述的结构特征抽取对应的农业生态文明模式，其正则表达式例如"（"（[\u4e00-\u9fa5]+）（—（[\u4e00-\u9fa5]+））+"）"。具体规则集合可以结合实际对象进行定制化生成。

第三，空间位置抽取。

空间位置抽取是指从新闻报道中获取生态文明模式的空间位置信息。在研发过程中，首先可使用 NLPIR 工具集（http://ictclas.nlpir.org/）识别地名，例如识别出"庄浪县以发展绿色……"句中的地名"庄浪县"；然后利用百度地理编码服务，解析地名对应的经纬度信息①。需要注意的是，空间位置抽取的解析精度参数设置为 100 米，坐标系为百度坐标（BD09），若参照系不同需要进行空间参考系的转换。

第四，时间抽取。

时间抽取是指从新闻报道中获取生态文明模式的报道时间。在研发过程中，因为生态文明模式的报道时间在新闻网站中具有固定表达形式，所以其获取可以利用互联网 XPATH 解析语句从 HTML 文本中直接获取，例如中华人民共和国农业农村部新闻栏目、央视新闻网站为央视网新闻栏目和人民网新闻搜索栏目的 XPATH 语句分别为式（3-3）、式（3-4）和式（3-5）。

$$\text{XPATH}_{\text{农业农村部}} = // \text{span} \left[@ \text{class} = \text{"fbsj"} \right] \tag{3-3}$$

$$\text{XPATH}_{\text{央视新闻}} = // \text{div} \left[@ \text{class} = \text{"src-tim"} \right] // \text{span} \left[@ \text{class} = \text{"tim"} \right] \tag{3-4}$$

$$\text{XPATH}_{\text{人民网}} = // \text{span} \left[@ \text{class} = \text{"tip-pubtime"} \right] \tag{3-5}$$

第五，模式记录聚合。

生态文明模式记录聚合指将抽取的离散时间信息、空间信息和模式信息进行关联，构建形成生态文明模式记录。聚合算法的基本原理是句内、段内和上下文中语义描述具有连贯性，因而可以将句子内部的时间、空间和模式信息进行关联，缺省信息按照句、段、篇章顺序依次填补。

（3）生态文明模式评估

在生态文明模式记录关联生成后，需要对记录进行评估，判断其是否是生态文明模式，可参见式（3-1）。

具体来看，复制能力可以用相同生态文明模式的数量和离散性评估。其中，数量阈值评估生态文明模式的受欢迎程度，而生态文明模式的不同发生位置之间的距离阈值表示生态文明模式的离散性，参见式（3-6）。其中，n_{EAPs} 表示生态文明模式的数量；d_{EAPs} 表示生态文明模式之间的欧氏距离；Q 控制生态文明模式的调查粒度，在方法中设置为 10；D 决定调查的空间分辨率，设置为 20 千米，即城镇之间的平均距离。

$$S_e = \begin{cases} S_e > \theta_{se} & n_{\text{EAPs}} > Q \& d_{\text{EAPs}} > D \\ S_e \leq \theta_{se} & \text{其他} \end{cases} \tag{3-6}$$

式中，S_e 为生态文明模式；θ_{se} 为总体生态文明模式评估阈值。

生态改善可以采用生态环境最直观的两类指标：水环境和土壤环境。水环境通过透明度、pH 和总溶解固体（TDS）评估；土壤环境通过土壤侵蚀和地表植被变化率评估生态改善成效，具体指标和筛选约束工具参见表 3-4。

---

① 庄浪县地理编码服务调用网址为：http://api. map. baidu. com/geocoding/v3/？ address = 庄浪县 &output = json&ak = ak&callback = showLocation。

表 3-4 生态文明模式要素评估指标及内涵

指标类型	指标	约束公式	含义
水环境指标	水体透明度 (θ_{trs})	$\theta_{trs} = value_{pst} - value_{pre} \geq 0 \, (cm)$	地表水质提升
水环境指标	pH (θ_{pH})	$\theta_{pH} = |value_{pst} - 7| - |value_{pre} - 7| \leq 0$	地下水质提升
水环境指标	TDS (θ_{TDS})	$\theta_{TDS} = value_{pst} - value_{pre} \leq 0 \, (mg/L)$	地下水矿化指标
土壤环境指标	侵蚀模数 (θ_{em})	$\theta_{em} = value_{pst} - value_{pre} \leq 0 \, (t/(km^2 \cdot a))$	土壤流失保存或逆向
土壤环境指标	NPP (θ_{NPP})	$\theta_{NPP} = value_{pst} - value_{pre} \geq 0 \, (g/(m^2 \cdot a))$	土壤品质升级

注：$value_{pre}$ 和 $value_{pst}$ 分别表示前或后的指标要素的数值。

经济增长，可以选用国内生产总值（GDP）及人均国内生产总值（PERGDP）衡量，计算前后变化的增量 $I = value_{pst} - value_{pre}$，并设置经济稳定或增量的幅度 θ_{eg} 作为评估条件 $E_g > \theta_{eg}$，参循公式（3-7）计算。

$$E_g = \begin{cases} E_g > \theta_{eg} & I_{GDP} > 0 \; \& \; I_{PERGDP} > 0 \\ E_g \leq \theta_{eg} & \text{其他} \end{cases} \tag{3-7}$$

3.3.3 基于知识图谱的生态文明模式调查方法验证

基于知识图谱的生态文明模式调查方法可从两方面验证：第一，抽取过程，以检验信息抽取过程中的准确性；第二，抽取结果，以检验数据集中农业生态文明模式的覆盖度。

在抽取过程检验方面，本书从生态文明模式名录中随机选取 150 条记录，找到其对应的生态文明模式原始文本语料，对新闻报道中提及的时间、空间和模式进行人工标注，通过对比人工标注结果与机器自动抽取结果，得到生态文明模式名录在生产过程中的准确率，参见表 3-5。

表 3-5 生态文明模式信息抽取准确率统计表

抽取类型	抽样记录数	人工检验错误数	准确率（%）
时间信息	150	0	100.0
空间位置	150	7	95.3
模式描述	150	8	94.7

在抽取结果检验方面，本书选取具有国家发布名录的农业生态文明模式（生态园区模式），将官方名录与调查获得的该类型名录做对比分析，通过统计名录数据集的模

式条目覆盖度，反映调查方法的有效性。需要注意，官方名录由两部分构成：第一，农业农村部公布的全国农村创业创新园区（基地）中休闲旅游相关园区[①]，共计47个模式信息；第二，休闲农业资源相关文献中的典型示范园区（包乌兰托亚，2013；王甫园等，2016），共计54个。生态文明模式调查结果在两类园区列表中的覆盖度参见表3-6县级和市级园区的平均覆盖度分别为87.13%和92.08%。

表 3-6　生态园区模式记录在典型试点区域的覆盖度统计表　（单位:%）

对照园区	县级覆盖度	市级覆盖度
全国农村创业创新园区（基地）	87.03	92.59
休闲农业/观光农业典型示范园区	87.23	91.49
平均	87.13	92.08

综上，基于知识图谱的生态文明模式调查方法，在抽取过程和抽取结果两方面具有较高的准确性和覆盖度，充分验证了调查方法的有效性。

3.3.4　基于知识图谱的生态文明模式调查名录

针对生态农林牧业发展模式，采用基于知识图谱的生态文明模式调查方法，获得中国农业生态文明模式空间分布数据集（2018–2020），已经发布并共享在全球变化科学研究数据出版系统。其名称、地理区域、数据年代、时间分辨率、空间分辨率、数据集组成、数据共享政策等信息见表3-7。

表 3-7　中国农业生态文明模式空间分布数据集元数据简表

条目	描述
数据集名称	中国农业生态文明模式空间分布数据集（2018–2020）
数据集短名	CEA_ Distribution_ 2018_ 2020
地理区域	中华人民共和国
数据年代	2018 ~ 2020 年
时间分辨率	1 天
空间分辨率	100 米
数据格式	.xlsx、.shp
数据量	.xlsx 文件为 19.6MB；.shp 文件为 9.74MB（压缩后）

---

① 中华人民共和国农业农村部.2017.农业部关于公布全国农村创业创新园区（基地）目录的通知.http://www.moa.gov.cn/nybgb/2017/dqq/201712/t20171230_6133922.htm.[2017-12-30]。

条目	描述
数据集组成	数据集由 33440 条农业生态文明模式记录构成
出版与共享服务平台	全球变化科学研究数据出版系统 http://www.geodoi.ac.cn
数据共享政策	全球变化科学研究数据出版系统的"数据"包括元数据（中英文）、通过《全球变化数据仓储电子杂志（中英文）》发表的实体数据（中英文）和通过《全球变化数据学报（中英文）》发表的数据论文。其共享政策如下：（1）"数据"以最便利的方式通过互联网系统免费向全社会开放，用户免费浏览、免费下载；（2）最终用户使用"数据"需要按照引用格式在参考文献或适当的位置标注数据来源；（3）增值服务用户或以任何形式散发和传播（包括通过计算机服务器）"数据"的用户需要与《全球变化数据学报》（中英文）编辑部签署书面协议，获得许可；（4）摘取"数据"中的部分记录创作新数据的作者需要遵循 10% 引用原则，即从本数据集中摘取的数据记录少于新数据集总记录量的 10%，同时需要对摘取的数据记录标注数据来源
数据和论文检索系统	DOI，DCI，CSCD，WDS/ISC，GEOSS，China GEOSS

农业生态文明模式名录数据集的 .xlsx 文件由 33440 条记录构成。其中，每条记录包含 22 个字段：序号、数据来源_中文、数据来源_英文、URL 文本链接、文本标题_中文、文本标题_英文、报道时间、地名位置_中文、地名位置_英文、经度、纬度、农业生态文明模式一级分类_中文、农业生态文明模式一级分类_英文、农业生态文明模式二级分类_中文、农业生态文明模式二级分类_英文、抽取原始农业模式描述_中文、抽取原始农业模式描述_英文、文本描述关键词_中文、文本描述关键词_英文、文本正文内容、描述农业模式子句、描述农业模式长句。

农业生态文明模式名录数据集共包含 72 类模式，数量最多的前十类农业生态文明模式为种养结合模式、畜沼果模式、稻鱼模式、生态园区模式、农业+互联网模式、立体循环种养模式、畜粪资源利用模式、水肥一体化模式、秸秆循环利用模式、林草畜模式。以种养结合模式为例，其点状空间分布及核密度分布如图 3-8 所示，图中每一个点代表一次种养结合农业生态文明模式的出现。为更加清晰地展现种养结合模式在中国的空间分布，可以将种养结合模式的点状数据经过核密度计算。其中，黑色圆点表示种养结合农业生态文明模式的出现区域，黑色圆点越多表示该地区种养结合模式被报道的频次越多，即为高密度的红色区域。

由此可见，农业生态文明模式名录数据集经过数据处理和可视化能够清晰揭示农业生态文明模式的空间分布。例如，图 3-8 揭示了我国种养结合农业生态文明模式分别在吉林中部、宁夏北部、山东北部、湖北南部、四川中东部等地区形成群聚效应。

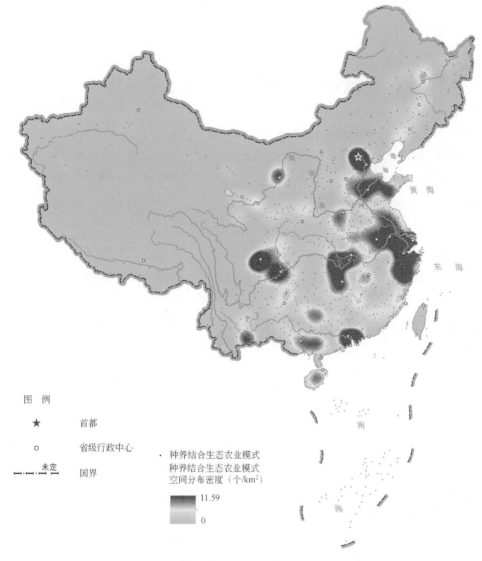

图 3-8　种养结合农业生态文明模式的核密度图

3.4　基于网络文本的生态文明模式区域特色挖掘方法

3.4.1　基于网络文本的生态文明模式区域特色挖掘目标

为了进一步明确生态文明模式所在区域的特色，定量评估区域特色优势程度（市级/省级/国家级），进而揭示生态文明模式所依赖的区域特色要素及程度，不仅能够帮助决策者更加深刻地理解生态文明模式，而且对于指导区域产业结构调整和产业布局具有重要意义，特别是针对乡镇级空间粒度的评估。

然而，无论是利用投入产出效益比率还是通过指标评价计算的方法来获得评估结果（例如，位置商、钻石模型和品牌效应法等），均依赖统计数据（包括统计年鉴、人口普查数据和统计报告），但这些数据受到内容和粒度的限制。一方面，评估范围受到统计指标名录限制，许多细分行业并未在统计数据中心存在体现，如茶叶包装行业、木雕行业等；另一方面，评估粒度受到统计指标调查粒度限制，许多数据缺乏细粒度的统计与调查，并且乡镇机构空间边界和区划管理权属还在不断调整。因此，生态文明模式所在地的区域特色挖掘是一项极具挑战的工作，并且同样需要借助海量网络文本中的内容进行识别和筛选。

鉴于此，本书提出了一种基于网络文本的生态文明模式区域特征挖掘方法。可以利用区域特征在大规模语料中高频提及的特性，从互联网中爬取海量的区域特征描述文本，通过区域特色的词汇出现频率特征进行识别。并且，为了测定其定量化的优势程度，可以将采集海量区域特色词汇为核心的语料，根据判别区域名称提及的顺序，划分区域特色和区域的耦合程度。

3.4.2 区域特色挖掘技术方法

在设计基于网络文本的生态文明模式区域特征挖掘方法之前，首先需要对区域特色和优势程度定义。

针对于研究区域 A，包含同一行政级别的多个区域 $A = \{R_i \mid i \in 1, 2, 3, \cdots\}$，其中 R_i 是待评估的目标区域，C_i 记为目标区域 R_i 不同维度下的语料库，区域的典型特征记为 $TC_i = \{TC_{im} \mid m > 0\}$。典型的特色代表着区域画像，使用逆文档频率（TF-IDF）算法从典型特色中构建出区域画像。相对地，对于另外一个相同行政等级的区域记为 R_{oi}，C_{oi}、TC_{oi} 分别表示这个的语料库和典型特征。对于一个典型特色 TC_{im} 最终确定为哪个区域的典型特征，需要进一步比较不同区域典型特征的相对优势值。

假设 TC_{11}、TC_{21}、TC_{32} 表示相同的区域特征，仅有区域 R_1、R_{o1}、R_{o2} 拥有这个典型特征。如果 R_1 的相对优势值（记为 $F_{AD}(TC_{11})$）高于其他区域的相对优势值（F_{AD} 为根据网络文本中的信息定义的相对优势函数），可将 TC_{11} 记为区域 R_1 的典型特征。这种情况下，与其他区域相比，典型特征 TC_{11} 就是区域 R_1 的绝对优势特征，是 R_{o2}、R_3 的相对优势特征。具体的方法流程如图3-9所示。

$$F_{AD} = 100 - \frac{100(\mathrm{rank}_t - 1)}{RN} \tag{3-8}$$

式中，rank_t 特征 t 在区域中的排名顺序，使用 RN 来记录区域的数量。

在区域特色和优势程度定义的基础上，基于网络文本的生态文明模式区域特征挖

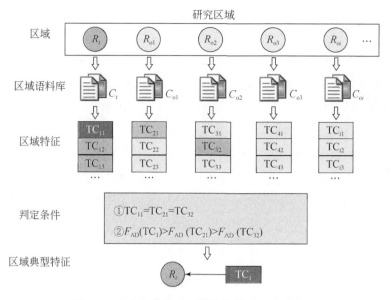

图 3-9　生态文明模式区域特色判别思路示意图

掘方法（英文简称为 WERC）可设计以"网络文本采集—区域特色抽取—优势程度计算"为核心思路的流程，具体参见图 3-10。

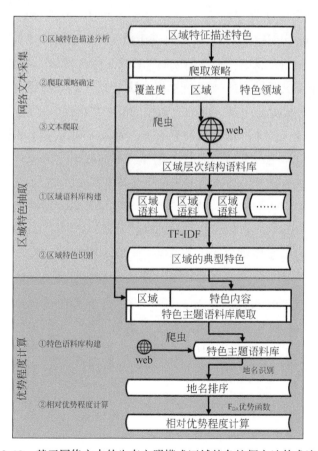

图 3-10　基于网络文本的生态文明模式区域特色挖掘方法技术流程

在网络文本采集阶段，需要分析区域特色的描述特征，根据这些特征制定爬取策略，主要考虑覆盖度、区域和特色领域（例如，风景类、旅游类、产业类、文化类、历史类、名人类等）三方面，以便能够更好聚焦核心内容并保证爬取内容的相关性，最后根据爬取策略对开放网络文本进行大规模爬取，获得语料库。

在区域特色抽取阶段，通过构建具有层次结构的语料库（分为目标层/乡镇区域层/特色领域层，例如福建省/古田镇/风景类），并利用 TF-IDF 算法为核心的词频特征逐个挖掘，获得生态文明模式区域特色。

在优势程度计算阶段，需要重新从互联网爬取以"特色内容"为核心的大规模语料库，如海洋公园、红军、长征精神等，从特色语料库中识别地名，将区域特色优势程度计算转换为地名频度排序，实现相对优势程度的计算。

为明确实施过程，本书以福建地区小镇生态文明模式特色挖掘为例开展实践，具体实践过程参见图 3-11。

3.4.3 区域特色挖掘方法验证

为了评估基于网络文本的生态文明模式区域特色挖掘方法（WERC）的有效性，本书将两种经典的区域分析方法与 WERC 比较。其中，两种经典的方法区位商模型（LQ）和波特钻石模型（Diamond）分别是基于投入产出效益比率和基于构建评价体系的方法的代表。不同的方法挖掘和评估区域特色的工作机理如所示图 3-12。可以看出，基于网络文本的生态文明模式区域特色挖掘方法与其他两者相比存在明显差异，其分析核心和依赖数据基础都已更换为面向大数据的海量文本语料资源。

为了进一步验证区位商模型、波特钻石模型和基于网络文本的区域特色挖掘模型在数值方面的差异，本书设计通过"比较福建省不同城市旅游业之间的差异"的定量化实验，揭示模型的有效性，最终的实验结果如下表 3-8 所示。

总体而言，所有方法都从不同的方面展示了福建省不同城市的旅游业优势，揭示"福州、厦门和南平是福建省排名前三的旅游城市"这一结论。其中，区位商模型给出了福建省各个城市旅游业的规模水平和专业化程度；波特钻石模型分析了福建有关旅游产业的各个因素得分情况；而基于网络文本的生态文明模式区域特色挖掘方法从新的视角描述了不同城市旅游的优势特征，不仅解决了区域的排名和数值等问题，还回答了具体是哪些区域特征的问题。由此可见，基于网络文本的生态文明模式区域特色挖掘方法给传统经济地理学模型带来了全新的思路。

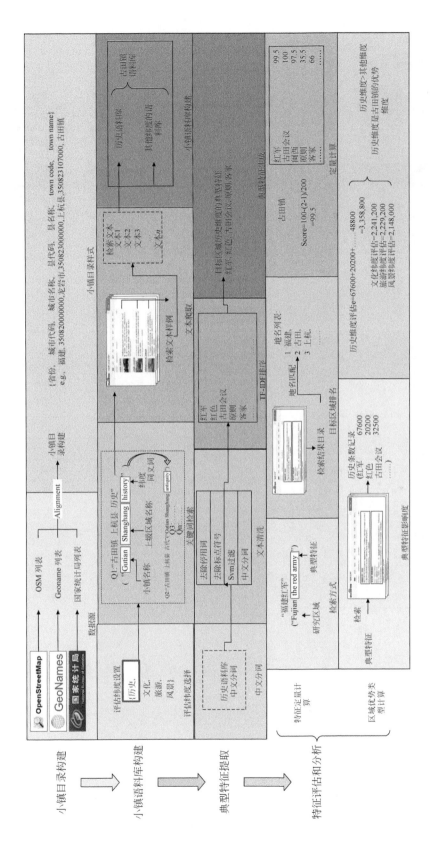

图3-11　福建特色小镇的区域特色挖掘方法实践流程图

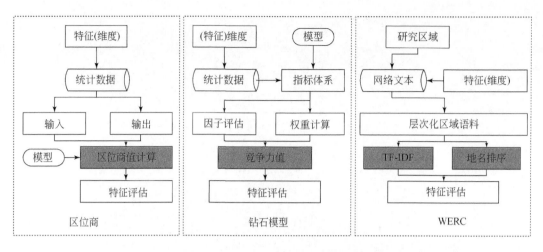

图 3-12　区位商、波特钻石和基于网络文本区域特色挖掘等模型机理对比

表 3-8　不同模型在福建不同城市旅游业之间差异研究结果对比

| 福建省城市 | 区位商 C1 | 波特钻石模型 | | | | WERC | | |
		生产要素 C2	需求条件 C3	相关和支持性产业 C4	企业战略和同业竞争 C5	旅游城镇占比 C6	区域特征平均值 C7	Top-3 典型特征 C8
福州	0.81	9.78(2)	12.56(1)	12.05(2)	9.72(3)	43%	1.86(2)	闽南，古民居，大孤山
厦门	1.45	10.21(1)	11.70(2)	14.63(1)	11.61(1)	38%	2.01(1)	闽南，海岸，小岛
莆田	0.89	4.55(8)	6.49(4)	7.31(5)	2.39(9)	34%	0.56(7)	妈祖，梅州湾，闽南
三明	0.84	6.47(7)	3.75(7)	2.58(8)	3.40(8)	18%	0.49(8)	武夷山，闽西，漂流
泉州	0.69	7.88(5)	9.56(3)	8.69(4)	8.37(5)	31%	1.16(5)	闽南，妈祖，祖庙
漳州	0.73	7.34(6)	2.83(8)	4.49(7)	4.95(7)	33%	0.83(6)	土楼，民居，闽南
南平	2.59	9.66(3)	2.03(8)	8.37(3)	10.48(2)	38%	1.79(3)	武夷山，茶叶，红茶
龙岩	1.13	7.91(4)	4.63(6)	5.21(6)	9.11(4)	16%	1.58(4)	红色，闽西，客家
宁德	0.93	2.83(9)	6.31(9)	2.02(9)	6.59(6)	28%	0.45(9)	茶叶，白茶，闽北

3.4.4　基于网络文本的生态文明模式区域特色挖掘结果

　　基于网络文本的生态文明模式区域特色挖掘方法，可以进一步针对生态文明模式所在区域进行区域特色及其程度的分析挖掘，本节以福建省相关的城市、乡镇为案例阐述此方法的挖掘结果。

　　在福建省域尺度上，共包含有 1090 个乡镇，通过基于网络文本的生态文明模式区域特色挖掘方法可以有效揭示福建省内各个地市及下辖乡镇的特色类型和特色内容，参见表 3-9 内容。

表 3-9　福建省各地市下辖乡镇分类及典型区域特色结果

福建省城市	乡镇总数	历史型数目	文化型数目	旅游型数目	风景型数目	Top-5 典型特征
福州	194	49 (25%)	34 (18%)	83 (43%)	28 (14%)	闽南，大孤山，小河，古民居，红色
厦门	48	14 (29%)	12 (25%)	18 (38%)	4 (8%)	闽南，海岸，白鹭，古民居，茶叶
泉州	170	35 (21%)	25 (15%)	53 (31%)	57 (33%)	闽南，台湾，妈祖，古民居，庙宇
漳州	148	18 (12%)	24 (16%)	48 (33%)	58 (39%)	土楼，古民居，闽南，妈祖，茶叶
莆田	44	12 (27%)	8 (18%)	15 (34%)	9 (21%)	妈祖，湄洲湾，花梨木，闽南，手工品
龙岩	134	65 (49%)	38 (28%)	21 (16%)	10 (7%)	红色，红军，闽西，古民居，客家
三明	140	16 (12%)	37 (26%)	25 (18%)	62 (44%)	武夷山，闽西，地质公园，客家，漂流
南平	130	27 (21%)	32 (25%)	49 (38%)	22 (16%)	武夷山，茶叶，红茶，闽北，豆腐
宁德	82	12 (15%)	15 (18%)	23 (28%)	32 (39%)	茶叶，白茶，闽北，武夷山，黄花鱼
总数	1090	248 (23%)	225 (21%)	335 (31%)	282 (25%)	茶叶，武夷山，古民居，闽南，客家

利用区域特色挖掘方法可以清晰获知，福建省主要是旅游类型省份，其旅游类别的城镇数量最多（335 个，占历史，文化，旅游和风景四大类别中所有城镇的 31%），典型的特征包括"茶""武夷山""古民居""闽南"和"客家"，同时也是福建省的区域特色标签。不同的城市之间存在很大差异。例如，龙岩市以历史而闻名，获得有例如"红军""闽西""古宅"和"客家"等特色名词。厦门市以旅游业而闻名，有诸如"闽南""海岸""白鹭""古宅"和"茶"等特色名词。为了在更小尺度上展示区域特色的结果，下文选取包含最多乡镇的省会福州市。

在城市尺度上，福州市拥有 194 个镇级行政区，不同类型乡镇以不同颜色点显示，参见图 3-13。从图中可知，"历史"和"文化"类型城镇主要位于市中心附近，因为这些地区通常具有悠久的历史和高密度的人口的特点，这些地区大多数以其历史和文化而闻名。此外，"旅游"和"风景"城镇大多位于风景名胜区附近，与旅游核心区关联程度较高。由此可以看出，区域特色挖掘方法可以从网络文本中准确识别并标识现实世界中区域特征。

在乡镇级别，本书选取福建省具有典型代表性的古田镇。古田镇位于福建省龙岩市上杭县，古田镇以其旅游业而闻名。它是著名的"古田会议"的举办地，对革命时期的中国共产党及红军具有重要意义。古田镇位于福建省西部，属于闽西范围。古田

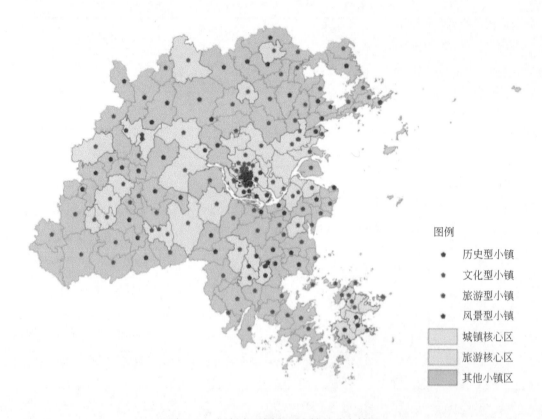

图3-13　福州市不同类型小镇的分布情况

镇在一定程度上代表着闽西和客家文化。利用基于网络文本的生态文明模式区域特色挖掘方法，古田镇的区域特色评估结果如图3-14所示，相对优势的结果显示在饼图中，区域特色和相对优势得分在条形图中逐个进行比较、排序和展示。

从上图可看出，古田镇属于历史特色的小镇，其中"历史"维度的典型特征检索量的比例最大（33.67%），区域特征检索量为3358800个，相对优势突出。同时，不同颜色表明古田镇在不同维度下（历史、文化、风景、旅游）的评估结果，包括特色名称、优势特色排名和每项特色的优势分值。其中，古田镇"历史"评估维度下典型特征有"古田会议""红军""闽西""客家""会址""原则"。如"瀑布""红色旅游""武夷山"代表着"旅游"评估维度，"瀑布""梯田""武夷山"代表着"风景"评估维度。值得注意的是，不同评估维度下可能有相同的典型区域特征。

此外，在古田镇"历史"维度下，"古田会议""红军""闽西""会址"都获得了较高的得分（超过90分），表明这些特征在省域范围内具有相对较高的优势程度。换而言之，在描述福建省这些特征时大概率会提及到古田镇。需要注意的是，并非所有典型特征得分都特别高，比如"古民居"是古田镇"风景"维度下的区域特色，但是在福建省中优势程度并不高，原因是其他区域拥有更具优势程度的"古民居"特征，例如全国知名的永定、南靖以及泉州等地区的土楼古民居文化。

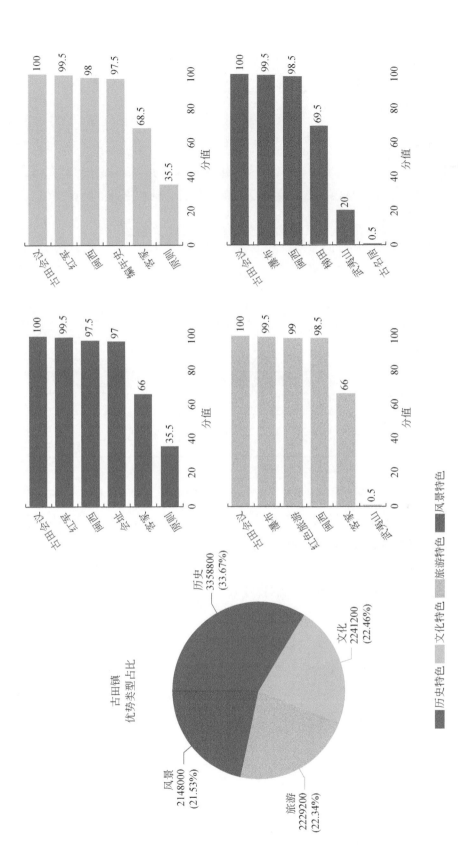

图3-14 古田镇区域特色评价结果示意图

3.5 生态文明模式调查挖掘名录

在生态文明模式调查总体技术方案指导下，结合生态文明模式名录调查整理结果，利用基于知识图谱的生态文明模式调查方法，获取生态文明模式调查挖掘名录共计13942项，数量概览信息参见表3-10，生态文明模式分类名录及出处信息参见附录。

表3-10 生态文明模式调查挖掘目录数量概览信息

一级分类	二级分类	名录数量（个）
自然保护与生态环境修复治理模式	自然保护地模式	3075
	生态修复治理模式	110
生态农林牧业发展模式	生态种植模式	3910
	生态养殖模式	727
	创新农业模式	3424
新型城镇与绿色工业发展模式	新型城镇化模式	964
	生态工业模式	409
	绿色消费模式	1323
总计		13942

值得注意的是，生态文明模式调查挖掘名录因考虑到重复项的问题，将基于知识图谱生态文明模式调查的农林牧业发展模式进行分析、消歧与过滤，筛选掉用于评估生态文明模式影响力的多媒介渠道报道记录。

总体来看，生态文明模式调查挖掘名录已经基本形成，覆盖了包括自然保护与生态环境修复治理模式、生态农林牧业发展模式和新型城镇与绿色工业发展模式在内的全部生态文明模式分类体系。一方面通过收集国家级官方发布的生态文明模式名录列表，如国家公园、自然保护区、特色小镇等；另一方面通过基于知识图谱的生态文明模式调查方法挖掘，从海量网络文本资源中挖掘筛选了生态种植模式、生态养殖模式、创新农业模式等多类既无官方名录又无统计数据支撑的区域典型生态文明模式信息，给生态文明模式名录提供了重要的补充内容。

3.6 小 结

本章针对美丽中国生态文明模式收集调查不全的问题，从技术方法角度出发，围绕缺乏高效的信息化调查收集方法难点开展讨论。首先，明确了生态文明模式调查挖掘目标，确立了调查挖掘原则，设计并提出了生态文明模式调查挖掘总体思路，将生态文明模式调查挖掘分为两大方面任务：收集官方已发布名录和调查挖掘缺乏官方名录的生态文明模式。其次，针对官方已发布名录，依据美丽中国生态文明模式分类体系进行逐项调研收集。随后，针对缺乏官方名录的生态文明模式，创新提出基于知识图谱和网络文本的生态文明模式调查及挖掘方法，解决了全国尺度生态文明模式的快速调查挖掘方法。最后，通过评估和筛选最终获取生态文明模式调查挖掘名录，为美丽中国生态文明建设与评估工作提供了参考基底数据。

第4章

中国生态文明模式数据库建设

美丽中国生态文明模式数据库是开展生态文明模式分析、实践生态文明模式应用和推动生态文明建设的基础。其中，不仅需要第3章所述生态文明模式调查挖掘的名录信息，更需要生态文明模式的语义信息及孕育其形成的各类属性信息，才能有效地驱动美丽中国生态文明模式的分析与应用。本章从时空数据库建设的角度出发，通过中国生态文明模式数据库设计、地理位置空间化、孕育环境属性信息关联等方法，实现中国生态文明模式数据库建设任务，为美丽中国生态文明模式的分析与应用提供数据支撑。

4.1 中国生态文明模式数据库设计

本节从数据库顶层设计出发，明确中国生态文明模式数据库建设目标与原则，落实数据库的概念模型和逻辑模型设计，进而指导中国生态文明模式数据库建设。

4.1.1 中国生态文明模式数据库建设目标与原则

中国生态文明模式数据库的建设目标是为美丽中国生态文明模式的分析与应用提供数据支撑。其中，模式的分析与应用具体指生态文明模式在国土空间内的空间分布、隶属关系、孕育分析、差异对比、模式推广等实践。上述实践内容需要，利用基础信息阐述生态文明模式的名称、概念隶属等内容；本底信息用以表达生态文明模式的基础自然本底规律；各类生态文明模式的孕育环境属性信息用以刻画其诞生和发展的条件。因此，中国生态文明模式数据库需要依据生态文明模式目录信息，针对每项模式补充其相关内容信息，其建设过程需要遵循以下三方面原则。

第一，满足科学性与需求性。

中国生态文明模式数据库需要遵照科学严谨的设计理念，并结合美丽中国生态文明模式应用需求，对数据库规划设计。

第二，确保准确性与完备性。

中国生态文明模式数据库建设需要保证数据设计的准确和数据内容和关系建设的完备，充分考虑所涉概念及关系，令其能够避免应用中的逻辑错误发生。

第三，兼顾实用性与可扩展性。

需要在考虑属性信息扩展能力的同时，为生态文明模式应用提供数据支撑。

4.1.2 中国生态文明模式数据库概念模型

根据对生态文明模式概念及其相关要素的分析，可将生态文明模式数据库抽象为7个概念实体：生态文明模式、本底信息、资源丰富程度、经济发达程度、环境友好程度、社会发展程度和文化信息。它们之间的联系（E-R图）如图4-1所示。各实体的属性分别如图4-2~图4-8所示。

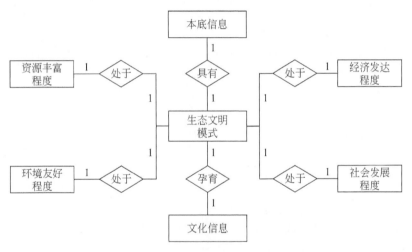

图4-1 生态文明模式数据库 E-R 图

注：1—代表实体间的关系数。

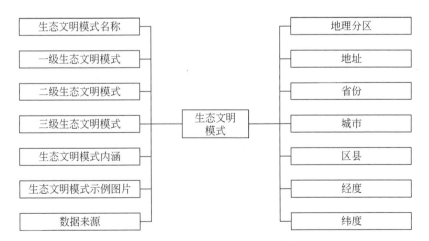

图4-2 生态文明模式属性内容

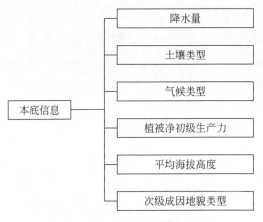

图 4-3　本底信息属性内容

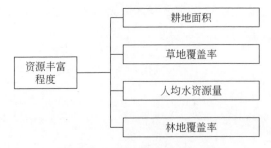

图 4-4　资源丰富程度属性内容

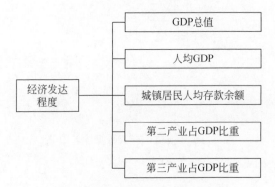

图 4-5　经济发达程度属性内容

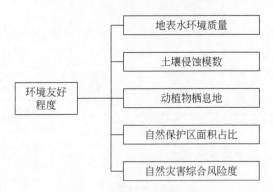

图 4-6　环境友好程度属性内容

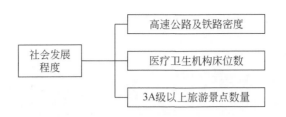

图 4-7 社会发展程度属性内容

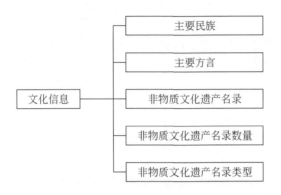

图 4-8 文化信息属性内容

4.1.3 中国生态文明模式数据库逻辑模型

在概念模型设计的基础上，生态文明模式数据库 7 个概念实体：生态文明模式、本底信息、资源丰富程度、经济发达程度、环境友好程度、社会发展程度和文化信息需进一步设计数据库的逻辑模型。数据库具体包括两部分：生态文明模式及其相关要素表和生态文明模式数据库字典表，数据表设计信息如表 4-1 所示。

表 4-1 中国生态文明模式数据库 DB_ ECOCIVIMODE

序号	数据表名	中文名称
生态文明模式及其相关要素表		
1	T_ Bas_ EcoCiviModeInstance	生态文明模式实例表
2	T_ Bas_ EcoCiviModeInfo	生态文明模式信息表
3	T_ Bas_ NaturalCondition	生态文明模式本底信息表
4	T_ Bas_ Resource	生态文明模式资源丰富程度信息表
5	T_ Bas_ Economy	生态文明模式经济发达程度信息表
6	T_ Bas_ Environment	生态文明模式环境友好程度信息表
7	T_ Bas_ Society	生态文明模式社会发展程度信息表
8	T_ Bas_ Culture	生态文明模式文化表

序号	数据表名	中文名称
生态文明模式数据库字典表		
9	T_ Cod_ EcoCiviModeClass	美丽中国生态文明模式类目代码
10	T_ Cod_ DatasourceType	生态文明模式数据来源名录
11	T_ Cod_ GeoZoneType	地理分区
12	T_ Cod_ SoilType	土壤类型
13	T_ Cod_ ClimeType	气候类型
14	T_ Cod_ GeomorphicType	次级成因地貌类型
15	T_ Cod_ HazardDegreeType	自然灾害综合风险度等级类型
16	T_ Cod_ NationType	民族类型
17	T_ Cod_ LocalismType	方言类型
18	T_ Cod_ CulHeritageType	非物质文化遗产类型

中国生态文明模式数据库信息表设计以生态文明模式实例表、生态文明模式信息表和生态文明模式本底信息表为例进行展示，参见表4-2、表4-3和表4-4。

表4-2　生态文明模式实例表 T_ Bas_ EcoCiviModeInstance

序号	字段名	中文名称	字段类型	必填	主键	外键	外键表名.字段名	备注
1	InstanceID	生态文明模式实例唯一代码	Number(10)	是	是			系统自动产生的流水号,用于唯一标识生态文明模式实例
2	ClassCode	生态文明模式实例所属类目代码	Number(6)	是		是	T_ Cod_ EcoCiviModeClass	《美丽中国生态文明模式类目代码》
3	Name	生态文明模式实例名称	Varchar2(10)	是				
4	Desc	简要描述	Varchar2(100)	是				

表4-3　生态文明模式信息表 T_ Bas_ EcoCiviModeInfo

序号	字段名	中文名称	字段类型	必填	主键	外键	外键表名.字段名	备注
1	InstanceID	生态文明模式实例唯一代码	Number(10)	是	是	是	T_Bas_EcoCivi-ModeInstance.InstanceID	
2	EcoCiviModL1	一级生态文明模式	Number(6)	是		是	T_ Cod_ EcoCiviModeClass	

序号	字段名	中文名称	字段类型	必填	主键	外键	外键表名.字段名	备注
3	EcoCiviModL2	二级生态文明模式	Number(6)	是		是	T_Cod_Eco-CiviModeClass	
4	EcoCiviModL3	三级生态文明模式	Number(6)	是		是	T_Cod_Eco-CiviModeClass	
5	EcoCivName	模式名称	Varchar2(10)	是				
6	DataSource	数据来源	Varchar2(10)	是		是	T_Cod_Data-sourceType	
7	Address	地址	Varchar2(100)	是				
8	Province	省份	Varchar2(10)	是				
9	City	城市	Varchar2(10)	是				
10	County	区县	Varchar2(10)	是				
11	Lat	经度	Clob	是				坐标串格式为：X0,Y0,X1,Y1,…X0,Y0
12	Log	纬度	Clob	是				坐标串格式为：X0,Y0,X1,Y1,…X0,Y0
13	GeoZone	地理分区	Varchar2(10)	是				

表4-4 生态文明模式本底信息表 T_ Bas_ NaturalCondition

序号	字段名	中文名称	字段类型	必填	主键	外键	外键表名.字段名	备注
1	InstanceID	生态文明模式实例唯一代码	Number(10)	是	是	是	T_Bas_EcoCivi-ModeInstance.InstanceID	
2	Precipitation	降水量（县/区年降水量）	Number(6,2)	是				（单位:mm）6 表示最大有效数字位数,2 表示最大小数位数,后同
3	SoilT	土壤类型（土壤区划）	Number(6)	是		是	T_Cod_SoilType	
4	ClimateT	气候类型（气候区划）	Number(6)	是		是	T_Cod_Clime-Type	
5	NPP	植被净初级生产力	Number(5,3)	是				（单位:gC/(m²·a))
6	MAlt	平均海拔高度	Number(6,2)	是				（单位:m)
7	SecGGT	次级成因地貌类型	Varchar2(100)	是		是	T_Cod_Geomor-phicType	

4.2 生态文明模式空间化

4.2.1 生态文明模式空间化目标及问题

生态文明模式空间化是指将生态文明模式信息精准地记录在地理空间上的过程，即获取生态文明模式准确的空间位置信息，在地理信息科学研究当中属于地理解析（geoparsing）问题。

在生态文明模式调查过程中，生态文明模式空间位置的记录存在多种类型，例如，地名描述"泰安市"、坐标描述"118.985535E，28.870298N"、地址描述"陕西省咸阳市旬邑县城关街道中山街5号"、兴趣点（POI）描述"新疆维吾尔自治区石河子市国家农业科技园区"、区域描述"治多、曲麻莱、玛多、杂多四县和可可西里自然保护区管辖区域"。上述生态文明模式所记录的空间位置信息，在空间尺度上存在差异，不同生态文明模式间定位精度不同，因而导致不同生态文明模式的空间位置难以衡量计算，进而给生态文明模式的分析和应用带来极大制约。

当前，较为成熟的空间化技术是通过地名地址解析获取精确的经纬度坐标，例如地图服务方的地名地址解析服务（高德地址解析）。然而，利用地名地址解析服务仍存在两方面问题：其一，需要尽可能获取最精细的行政区划名称，越小的行政区划名称解析得到的空间位置越精确。其原因在于，地名地址解析获取结果为地名地址的索引标识点，一般位于行政中心。因此，越精确的行政区划名称意味着可以通过地名地址解析服务获取最精确的空间坐标。其二，即使是最精确的行政区划中心，仍然与生态文明模式实际发生区域存在不小的空间偏差。例如，在图4-9中，合肥（Hefei）市附近的生态种植模式所在区域与市中心仍存在一定的空间偏差距离。

由此看来，生态文明模式空间化一方面需要借鉴并利用成熟的地名地址解析服务，另一方面需要进一步探索生态文明模式空间位置的精细化校正。

4.2.2 生态文明模式空间位置精细化校正方法

为了实现生态文明模式空间位置的精细化校正，来自地名的空间信息是不够的，需要探索更多额外的空间信息来纠正地名偏移。目前，空间信息的来源主要有两种类型：现有空间数据集和动态对地观测系统。现有空间数据集是指存在对象或事件的空间信息数据集，如地名辞典、地图数据、领域知识库、维基媒体等。这些数据通常有特定的应用范围，并受构建质量的限制。因此，现有空间数据集无法支持大范围和多

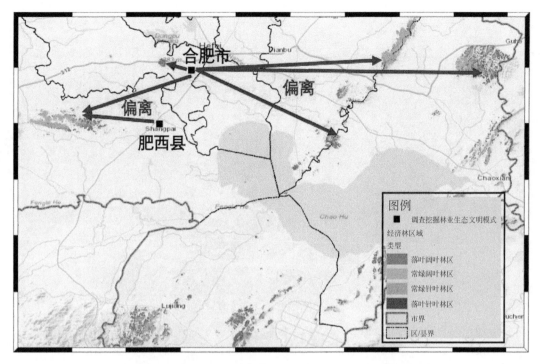

图 4-9　地名解析获取空间位置与实际位置之间存在的偏差距离

种目标。动态对地观测系统是指基于遥感的数据集，如卫星图像和无人机（UAV）数据，通过相应的算法对各种目标具有灵活性。考虑到地理解析覆盖范围大、应用规模大，遥感图像是一种全局的、频率的、稳定的、成熟的空间信息数据源，能够很好地胜任这一工作。遥感影像可以直接识别出具有明显空间特征的正确地理位置。特别是卫星遥感图像可以获取大规模城市区域及其周边环境的空间信息。因此，遥感图像可能作为额外的空间信息来校正地理解析的地名。此外，额外的空间信息需要与句子中获取地名相关联，这可能导致每个地名都有额外的空间信息。因此，遥感影像是一种潜在的数据源用以解决大尺度下生态文明模式空间位置的精细化校正问题。

　　基于生态文明模式空间位置有偏性机理分析，研究设计了一种全新的基于遥感影像的地名校正方法（TC-RSI）。算法主要贡献是将遥感图像中包含的空间信息引入到文本中的模糊空间位置描述中，进而大大提高地理解析的空间精度。基于遥感影像地名校正方法（TC-RSI）的思路主要包括两个部分：通用地理解析过程和校正过程（图4-10）。

　　其中，地理解析过程包括基于上下文特征的地名识别步骤和地名解析步骤，这两个过程用于地理解析过程。校正过程包括有属性关联、特征关联和区域关联三个步骤。首先，属性关联构建了地名和属性之间的链接。其次，特征关联过程建立了属性与遥感特征之间的联系。最后，区域关联过程揭示了目标区域与遥感特征识别结果之间的联系。根据这些过程，额外的空间信息可以进一步提高地理解析位置的精度，最终实

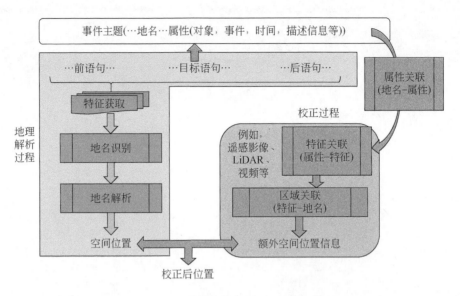

图 4-10　基于遥感影像地名校正方法思路示意图

现校正位置。基于上述基本思想，TC-RSI 方法设计有 5 个核心过程，包括通用地理解析过程、属性关联过程、遥感特征关联过程、遥感区域关联过程和空间位置校正过程，详细流程参见图 4-11。

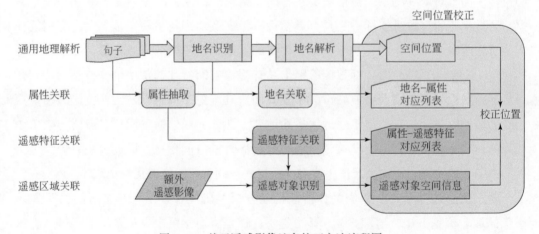

图 4-11　基于遥感影像地名校正方法流程图

4.2.3　生态文明模式空间化效果评估

为验证基于遥感影像地名校正方法（TC-RSI）有效性，首先，实验选取合肥市范围内的生态文明模式空间位置信息（11 条记录）做精确验证，包括目视解译与有偏距离分析，分析所设计方法的精确性和有效性。其中，图 4-12 直观给出方法校正的效果，具体每条生态文明模式空间位置校正程度参见表 4-5，生态文明模式空间位置校正遥感目视解译对照参见图 4-13。

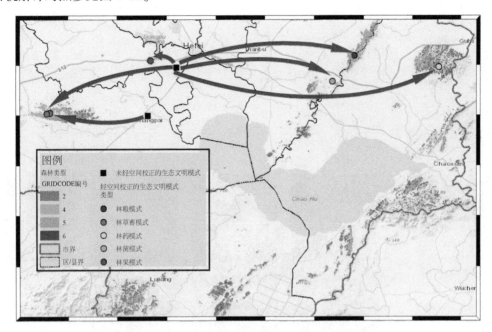

图 4-12　合肥 11 项生态文明模式空间位置校正示意图

表 4-5　基于 TC-RSI 方法合肥市生态文明模式空间位置校正幅度表

序号	林业生态文明模式	空间位置（经度值（E），纬度值（N））	原始描述	校正后空间位置（经度值（E），纬度值（N））	校正距离（km）	校正隶属区县	是否跨区校正
1	林草畜模式	(117.2334427,31.82657783)	蜀山区	(116.920334,31.718822)	36.76	肥西县	是
2	林草畜模式	(117.2334427,31.82657783)	蜀山区	(116.920334,31.718822)	36.76	肥西县	是
3	林果模式	(117.2334427,31.82657783)	蜀山区	(117.171331,31.843366)	7.14	蜀山区	否
4	林粮间种	(117.2334427,31.82657783)	蜀山区	(117.661231,31.855506)	47.59	肥东县	是
5	林草间种	(117.2334427,31.82657783)	蜀山区	(117.866917,31.828833)	70.32	巢湖市	是
6	林草间种	(117.2334427,31.82657783)	蜀山区	(117.866917,31.828833)	70.32	巢湖市	是
7	林菌间种	(117.2334427,31.82657783)	蜀山区	(117.609733,31.794555)	41.92	肥东县	是
8	林草畜模式	(117.1645578,31.71296213)	肥西县	(116.927803,31.720662)	26.29	肥西县	否
9	林草畜模式	(117.1645578,31.71296213)	肥西县	(116.927803,31.720662)	26.29	肥西县	否

序号	林业生态文明模式	空间位置（经度值（E），纬度值（N））	原始描述	校正后空间位置（经度值（E），纬度值（N））	校正距离（km）	校正隶属区县	是否跨区校正
10	林草畜模式	（117.1645578，31.71296213）	肥西县	（116.927803，31.720662）	26.29	肥西县	否
11	林草畜模式	（117.1645578，31.71296213）	肥西县	（116.927803，31.720662）	26.29	肥西县	否

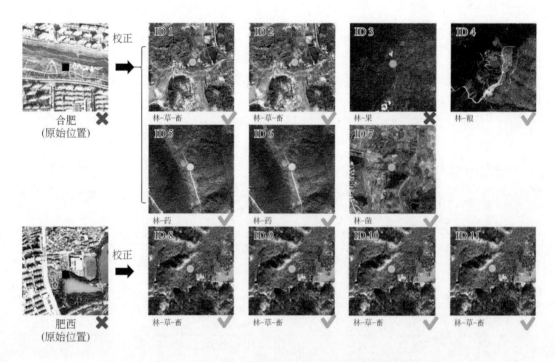

图4-13　合肥11项生态文明模式空间位置校正遥感目视解译对照图

　　为了进行大范围验证，研究选取安徽省范围内的生态文明模式空间位置信息（93条记录）做统计验证，获知在大范围尺度下方法的有效性和校正能力。其中，合肥市验证的统计结果参见表4-6。

表4-6　不同地名识别不同地名解析方法下地名校正方法性能对比

实验组	地名识别算法	地名解析方法	无校正平均偏离距离（km）	TC-RSI校正后平均偏离距离（km）	偏移距离减小量（km）
1	NLPIR	Amap	39.65	0.82	+38.83
	pyltp	Amap	68.81	2.21	+66.60
	SpaCy	Amap	42.10	1.44	+40.66
	Jieba	Amap	61.52	2.01	+59.51

实验组	地名识别算法	地名解析方法	无校正 平均偏离距离 （km）	TC-RSI 校正后 平均偏离距离 （km）	偏移距离 减小量 （km）
2	NLPIR	Amap	39.65	0.82	+38.83
	NLPIR	Baidu	46.32	1.29	+45.03
	NLPIR	Geonames	73.99	3.21	+70.78

实验结果表明，第1组揭示了不同地名识别算法的影响。虽然不同地名识别算法影响了 TC-RSI 方法的结果，但超过38km的偏移距离减少证明了 TC-RSI 方法的偏移校正能力。此外，校正后平均偏移量为1.62（±0.80）km，偏差值最小（±0.80km）。这意味着 TC-RSI 方法在不同的地名识别算法上是稳定的。同样，偏差值为±1.44km的第2组表明，TC-RSI 方法在不同地名解析方法下也是稳定的。由此看来，基于遥感影像地名校正方法能够有效对存在偏差的生态文明模式空间位置进行校正，平均空间位置的偏差水平从40~80km水平，降低至3km，这种空间位置校正效果为生态文明模式数据库构建及后续应用奠定了良好的基础。

4.3 生态文明模式孕育环境属性信息关联

在中国生态文明模式数据库的建设过程中，一方面需要对生态文明模式空间位置进行精准获取与表达，另一方面需要构建丰富的生态文明模式孕育环境属性信息，揭示每种生态文明模式孕育的环境要素，进而为生态文明模式分析、问答及其他下游应用提供特征信息。

4.3.1 中国生态文明模式孕育环境属性信息关联目标及问题

中国生态文明模式孕育环境属性信息具体是指孕育生态文明模式所处环境，既包括本底信息也涵盖各类自然资源、社会经济等信息。从数据库设计层面讲，孕育环境属性信息是指本底信息、资源丰富程度、经济发达程度、环境友好程度、社会发展程度和文化信息等包括的属性内容。上述信息关联是指根据每条生态文明模式记录，能够自动获取生态文明模式所在区域的各类信息。比如，参考中国土壤类型图，可根据生态文明模式所在地"武夷山市"，通过筛选和综合得出生态文明模式所在地武夷山市的土壤类型。

生态文明模式孕育环境属性信息关联的核心难点在于，不同尺度下生态文明模式所选用的数据自动关联方法存在差异。例如，GDP 需要根据覆盖区域进行累加、草地覆盖率需要根据面积演算、平均海拔高度需要根据栅格取平均值、自然灾害综合风险度需要求取区域内的最大值、非物质文化遗产名录需要取并集、土壤类型需要通过矢量叠加方法判别。

因此，生态文明模式孕育环境属性信息关联，需要设计根据不同生态文明模式对象、不同生态文明模式覆盖尺度的信息计算方法，保障生态文明模式孕育环境属性信息的关联与填录。

4.3.2　中国生态文明模式孕育环境属性信息自动关联方法

美丽中国生态文明模式数据库主要记录生态文明模式的孕育环境基本特征。生态文明模式孕育环境基本特征的描述与其所处空间范围有着紧密联系，对于小尺度生态文明模式而言，其所在县域环境能够较好刻画其孕育环境；对于大尺度生态文明模式而言，其孕育环境需要顾及全部覆盖区域。

因此，生态文明模式孕育环境基本特征需参照不同空间尺度，采用不同演算方法（包括引用、加和、平均、相交、栅格计算等）进行关联与研发。具体演算思路参见表4-7。其中，大尺度的生态文明模式，例如国家公园、自然保护区、自然公园、部分荒漠化治理等类型；中尺度的生态文明模式，例如生态城市、部分生态旅游、低碳生活等类型；其余类型大部分为小尺度生态文明模式。

美丽中国生态文明模式调查、分析与应用

表4-7　中国生态文明模式数据库指标项演算方法思路

生态文明模式数据库指标项		数据库指标项演算思路		
类型	指标名称	大尺度（跨省/市）	中尺度（市）	小尺度（县及县下）
基础信息	一级生态文明模式	无计算（按真实情况填写）		
	二级生态文明模式	无计算（按真实情况填写）		
	三级生态文明模式	无计算（按真实情况填写）		
	生态文明模式名称	无计算（按真实情况填写）		
	数据来源	无计算（按真实情况填写）		
	地址	无计算（根据模式名称定位实例所在地址（按照省、市、区县顺序）填写）		
	省份	无计算（地址所属省填入"省份"属性项）		
	城市	无计算（地址所属城市填入"城市"属性项）		
	区县	无计算（地址所属区县填入"区县"属性项）		
	经度	使用高德API定位实例地址得到的经度		
	纬度	使用高德API定位实例地址得到的纬度		
	地理分区	根据名称定位的"省份"属性来确定属于哪个地理区，若所处多个暂时为空		

生态文明模式数据库指标项		数据库指标项演算思路		
类型	指标 名称	大尺度 （跨省/市）	中尺度 （市）	小尺度 （县及县下）
本底 信息	降水量（县/区年降水量）	均值演算	均值演算	数值引用
	土壤类型（土壤区划）	矢量叠加	矢量叠加	矢量叠加
	气候类型（气候区划）	矢量叠加	矢量叠加	矢量叠加
	植被净初级生产力	栅格平均	栅格平均	栅格平均
	平均海拔高度	栅格平均	栅格平均	栅格平均
	次级成因地貌类型	矢量叠加	矢量叠加	矢量叠加
资源 丰富 程度	耕地面积	数值累加	数值累加	数值引用
	草地覆盖率	面积演算	面积演算	数值引用
	人均水资源量	均值演算	均值演算	数值引用
	林地覆盖率	面积演算	面积演算	数值引用
经济 发达 程度	GDP（国内生产总值）	数值累加	数值累加	数值引用
	人均GDP（人均国内生产总值）	均值演算	均值演算	数值引用
	城镇居民人均储蓄存款余额	均值演算	均值演算	数值引用
	第二产业占GDP比重	累加重算	累加重算	数值引用
	第三产业占GDP比重	累加重算	累加重算	数值引用
环境 友好 程度	地表水环境质量	数值平均	数值平均	数值引用
	土壤侵蚀模数	数值平均	数值平均	数值引用
	动植物栖息地	数值累加	数值累加	数值引用
	自然保护区面积占比	面积演算	面积演算	数值引用
	自然灾害综合风险度	取最大值	取最大值	数值引用
社会 发展 程度	高速公路及铁路密度	面积演算	面积演算	数值引用
	医疗卫生机构床位数	数值累加	数值累加	数值引用
	3A以上旅游景点数量	数值累加	数值累加	数值引用
文化 信息	主要民族	取最大值	取最大值	数值引用
	主要方言	取最大值	取最大值	数值引用
	非物质文化遗产名录	并集计算	并集计算	数值引用
	非物质文化遗产名录数量	数值累加	数值累加	数值引用
	非物质文化遗产名录类型名录	并集计算	并集计算	数值引用

其中，"数值引用"是指直接引用区县属性作为孕育该生态文明模式实例的属性；"数值累加"是将区县集合的属性值相加作为孕育该生态文明模式实例的属性；"矢量叠加"提取输入图层和叠加图层中要素的重叠部分并输出相交图层中要素的属性，作为孕育该生态文明模式实例的属性；"栅格平均"是指输出点矢量图层在栅格图层的栅格号，由于1km栅格范围较小，因此选取周围9个格子计算加权平均栅格值作为孕

育该生态文明模式实例的属性；"面积演算"是指通过乘计算计算出区县某些"面积占比"属性的具体值，相加后重新计算占比，作为孕育该生态文明模式实例的属性；"均值演算"是指通过区县的属性先计算出人口属性，再计算"人均"相关属性，作为孕育该生态文明模式实例的属性；"累加重算"是指先通过乘计算算出区县某些"占比"属性具体值，相加后重新计算占比，作为孕育该生态文明模式实例的属性；"数值平均"是指计算区县某些属性的平均值，作为孕育该生态文明模式实例的属性；"取最大值"是指取区县集合某个属性的最大值，作为孕育该生态文明模式实例的属性；"并集计算"是指取生态文明模式实例省、市、区县所包含的所有内容集合，作为孕育该生态文明模式实例的属性。

中国生态文明模式孕育环境属性信息关联方法具体过程及步骤参见表4-8。

表 4-8　中国生态文明模式孕育环境属性信息关联方法列表

类型	指标名称	关联演算方法思路
本底信息	降水量（县/区年降水量）	1. 根据区县名称匹配，县名重复的情况使用邮政编码进行匹配 2. 对于范围较大的实例，将区县集合的降雨量进行相加，即为孕育该生态文明模式实例的降雨量属性 3. 对于范围较小的实例，直接匹配实例所在区县的降雨量，即为孕育该生态文明模式实例的降雨量属性
	土壤类型（土壤区划）	1. 将生态文明模式数据库 csv 文件以经纬度生成 shp 点文件 2. 将 shp 点文件去与土壤区划 shp 文件做相交处理，得到该点土壤区划 3. 该点的土壤区划，即认为是孕育该生态文明模式实例的土壤区划
	气候类型（气候区划）	1. 将生态文明模式数据库 csv 文件以经纬度生成 shp 点文件 2. 将 shp 点文件去与气候区划 shp 文件做相交处理，得到该点气候区划 3. 该点的气候区划，即认为是孕育该生态文明模式实例的气候区划
	植被净初级生产力	1. 将生态文明模式数据库 csv 文件以经纬度生成 shp 点文件并制作重投影图层 2. 将重投影过的 shp 文件去分别定位 tif 栅格文件的行号和列号 3. 读出对应列号周围 9 个格子的栅格值，进行加权计算（中间占 50%，距离为 1 的一共占 30%，距离为 $\sqrt{2}$ 一共占 20%） 4. 分别使用 2015 年 7 月和 12 月栅格文件得到最大值和最小值，即为实例的全国植被净初级生产力范围
	平均海拔高度	1. 将生态文明模式数据库 csv 文件以经纬度生成 shp 点文件并制作重投影图层 2. 将重投影过的 shp 文件去分别定位 tif 栅格文件的行号和列号 3. 读出对应列号周围 9 个格子的栅格值，进行加权计算（中间占 50%，距离为 1 的一共占 30%，距离为 $\sqrt{2}$ 一共占 20%） 4. 得到的栅格值，即为孕育该生态文明模式实例的海拔高度
	次级成因地貌类型	1. 将生态文明模式数据库 csv 文件以经纬度生成 shp 点文件 2. 将 shp 点文件与地貌 shp 文件做相交处理，得到该点的地貌类型（点被哪一块面包含，取这一块面的地貌类型） 3. 该点的地貌类型，即认为是孕育该生态文明模式实例的地貌类型

类型	指标名称	关联演算方法思路
资源丰富程度	耕地面积	1. 根据区县名称匹配，县名重复的情况使用邮政编码进行匹配 2. 对于范围较大的实例，将区县集合的耕地面积进行相加，即认为是孕育该生态文明模式实例的耕地面积属性 3. 对于范围较小的实例，直接匹配实例所在区县的耕地面积，即认为是孕育该生态文明模式实例的耕地面积属性
	草地覆盖率	1. 根据区县名称匹配，县名重复的情况使用邮政编码进行匹配 2. 对于范围较大的实例，依次将区县集合的草地覆盖率乘总面积，得到草地总面积，进行相加，再除区县集合的总面积，即认为是孕育该生态文明模式实例的草地覆盖率属性 3. 对于范围较小的实例，直接匹配实例所在区县的草地覆盖率，即认为是孕育该生态文明模式实例的草地覆盖率属性
	人均水资源量	1. 根据区县名称匹配，县名重复的情况使用邮政编码进行匹配 2. 根据 csv 表格中的 GDP 总量和人均 GDP 计算出人口属性 3. 对于范围较大的实例，依次将区县集合的县人均水资源量乘人口得到水资源总量，进行相加，再除区县集合的人口，即认为是孕育该生态文明模式实例的人均水资源量属性 4. 对于范围较小的实例，直接匹配实例所在区县的人均水资源量，即认为是孕育该生态文明模式实例的人均水资源量属性
	林地覆盖率	1. 根据区县名称匹配，县名重复的情况使用邮政编码进行匹配 2. 对于范围较大的实例，依次将区县集合的林地覆盖率乘总面积，得到林地总面积，进行相加，再除区县集合的总面积，即认为是孕育该生态文明模式实例的林地覆盖率属性 3. 对于范围较小的实例，直接匹配实例所在区县的林地覆盖率，即认为是孕育该生态文明模式实例的林地覆盖率属性
经济发达程度	GDP（国内生产总值）	1. 根据区县名称匹配，县名重复的情况使用邮政编码进行匹配 2. 对于范围较大的实例，将区县集合的 GDP 总值进行相加，即认为是孕育该生态文明模式实例的 GDP 总值属性 3. 对于范围较小的实例，直接匹配实例所在区县的 GDP 总值，即认为是孕育该生态文明模式实例的 GDP 总值属性
	人均 GDP（人均国内生产总值）	1. 根据区县名称匹配，县名重复的情况使用邮政编码进行匹配 2. 根据 csv 表格中的 GDP 总量和人均 GDP 计算出人口属性 3. 对于范围较大的实例，依次将区县集合的县人均 GDP 乘人口得到 GDP 总量，进行相加，再除区县集合的人口，即认为是孕育该生态文明模式实例的人均 GDP 属性 4. 对于范围较小的实例，直接匹配实例所在区县的人均 GDP，即认为是孕育该生态文明模式实例的人均 GDP 属性

类型	指标名称	关联演算方法思路
经济发达程度	城镇居民人均储蓄存款余额	1. 根据区县名称匹配, 县名重复的情况使用邮政编码进行匹配 2. 根据 csv 表格中的 GDP 总量和人均 GDP 计算出人口属性 3. 对于范围较大的实例, 依次将区县集合的城镇居民人均储蓄存款余额乘人口得到城镇居民储蓄存款余额总量, 进行相加, 再除区县集合的人口, 即认为是孕育该生态文明模式实例的城镇居民人均储蓄存款余额属性 4. 对于范围较小的实例, 直接匹配实例所在区县的城镇居民人均储蓄存款余额, 即认为是孕育该生态文明模式实例的城镇居民人均储蓄存款余额属性
	第二产业占 GDP 比重	1. 根据区县名称匹配, 县名重复的情况使用邮政编码进行匹配 2. 对于范围较大的实例, 依次将区县集合的第二产值占 GDP 比重乘 GDP 总值, 得第二产值总量, 进行相加, 再除区县集合的 GDP 总值, 即认为是孕育该生态文明模式实例的第二产值占 GDP 比重属性 3. 对于范围较小的实例, 直接匹配实例所在区县的第二产值占 GDP 比重, 即认为是孕育该生态文明模式实例的第二产值占 GDP 比重属性
	第三产业占 GDP 比重	1. 根据区县名称匹配, 县名重复的情况使用邮政编码进行匹配 2. 对于范围较大的实例, 依次将区县集合的第三产值占 GDP 比重乘 GDP 总值, 得第三产值总量, 进行相加, 再除区县集合的 GDP 总值, 即认为是孕育该生态文明模式实例的第三产值占 GDP 比重属性 3. 对于范围较小的实例, 直接匹配实例所在区县的第三产值占 GDP 比重, 即认为是孕育该生态文明模式实例的第三产值占 GDP 比重属性
环境友好程度	地表水环境质量	1. 根据区县名称匹配, 县名重复的情况使用邮政编码进行匹配 2. 对于范围较大的实例, 依次将区县集合的地表水环境质量相加, 得到水土流失量总量, 除以区县集合的个数, 得到均值, 即认为是孕育该生态文明模式实例的地表水环境质量属性 3. 对于范围较小的实例, 直接匹配实例所在区县的地表水环境质量, 即认为是孕育该生态文明模式实例的地表水环境质量属性
	土壤侵蚀模数	1. 根据区县名称匹配, 县名重复的情况使用邮政编码进行匹配 2. 对于范围较大的实例, 依次将区县集合的水土流失量相加, 得到水土流失量总量, 除以区县集合的个数, 得到均值, 即认为是孕育该生态文明模式实例的水土流失量属性 3. 对于范围较小的实例, 直接匹配实例所在区县的水土流失量, 即认为是孕育该生态文明模式实例的水土流失量属性
	动植物栖息地	1. 根据区县名称匹配, 县名重复的情况使用邮政编码进行匹配 2. 对于范围较大的实例, 将区县集合的动植物栖息地进行相加, 即认为是孕育该生态文明模式实例的动植物栖息地属性 3. 对于范围较小的实例, 直接匹配实例所在区县的动植物栖息地, 即认为是孕育该生态文明模式实例的动植物栖息地属性

类型	指标名称	关联演算方法思路
环境友好程度	自然保护区面积占比	1. 根据区县名称匹配，县名重复的情况使用邮政编码进行匹配 2. 对于范围较大的实例，依次将区县集合的自然保护区面积占比乘总面积，得到自然保护区总面积，进行相加，再除区县集合的总面积，即认为是孕育该生态文明模式实例的自然保护区面积占比属性 3. 对于范围较小的实例，直接匹配实例所在区县的自然保护区面积占比，即认为是孕育该生态文明模式实例的自然保护区面积占比属性
	自然灾害综合风险度	1. 根据区县名称匹配，县名重复的情况使用邮政编码进行匹配 2. 对于范围较大的实例，求区县集合的自然灾害综合风险度的最大值，即认为是孕育该生态文明模式实例的自然灾害综合风险度属性 3. 对于范围较小的实例，直接匹配实例所在区县的自然灾害综合风险度，即认为是孕育该生态文明模式实例的自然灾害综合风险度属性
社会发展程度	高速公路及铁路密度	1. 根据区县名称匹配，县名重复的情况使用邮政编码进行匹配 2. 对于范围较大的实例，依次将区县集合的高速公路及铁路密度乘总面积，得到高速公路及铁路长度，进行相加，再除区县集合的总面积，即认为是孕育该生态文明模式实例的高速公路及铁路密度属性 3. 对于范围较小的实例，直接匹配实例所在区县的高速公路及铁路密度，即认为是孕育该生态文明模式实例的高速公路及铁路密度属性
	医疗卫生机构床位数	1. 根据区县名称匹配，县名重复的情况使用邮政编码进行匹配 2. 对于范围较大的实例，将区县集合的医疗卫生机构床位数进行相加，即认为是孕育该生态文明模式实例的医疗卫生机构床位数属性 3. 对于范围较小的实例，直接匹配实例所在区县的医疗卫生机构床位数，即认为是孕育该生态文明模式实例的医疗卫生机构床位数属性
	3A 以上旅游景点数量	1. 根据区县名称匹配，县名重复的情况使用邮政编码进行匹配 2. 对于范围较大的实例，将区县集合的 3A 以上旅游景点数量进行相加，即认为是孕育该生态文明模式实例的 3A 以上旅游景点数量属性 3. 对于范围较小的实例，直接匹配实例所在区县的 3A 以上旅游景点数量，即认为是孕育该生态文明模式实例的 3A 以上旅游景点数量属性
文化信息	主要民族	1. 爬虫爬取各个区县百度百科有关于"人口民族"条目说明的区县 2. 人工摘取百度百科中关于主要民族这一项说明，填入对应区县 3. 对于范围较大的实例，以人工查询方式完成 4. 对于范围较小的实例，直接匹配实例所在区县的主要民族，即认为是孕育该生态文明模式实例的主要民族属性
	主要方言	1. 爬虫爬取各个区县百度百科有关于"方言"标签说明的区县，爬取对应方言，填入对应区县 2. 对于范围较大的实例，以人工查询方式完成 3. 对于范围较小的实例，直接匹配实例所在区县的主要方言，即认为是孕育该生态文明模式实例的主要方言属性

第4章 中国生态文明模式数据库建设

类型	指标名称	关联演算方法思路
文化信息	非物质文化遗产名录	1. 利用分词软件将 shp 文件属性中的地址分为省、市、区县 2. 根据省、市、区县名称匹配，县名重复的情况使用邮政编码进行匹配 3. 匹配到的非物质文化遗产名录，即认为是孕育该生态文明模式实例的非物质文化遗产名录属性
	非物质文化遗产名录数量	1. 利用分词软件将 shp 文件属性中的地址分为省、市、区县 2. 根据省、市、区县名称匹配，县名重复的情况使用邮政编码进行匹配 3. 计算非物质文化遗产名录的条数，即认为是孕育该生态文明模式实例的非物质文化遗产名录数量属性
	非物质文化遗产名录类型名录	1. 利用分词软件将 shp 文件属性中的地址分为省、市、区县 2. 根据省、市、区县名称匹配，县名重复的情况使用邮政编码进行匹配 3. 匹配到的非物质文化遗产名录类型，即认为是孕育该生态文明模式实例的非物质文化遗产名录类型属性

4.4 中国生态文明模式数据库建设

4.4.1 中国生态文明模式数据库建设流程及数据源选取

从总体来讲，中国生态文明模式数据库建设流程遵循"概念设计—逻辑设计—名录填写—空间位置计算—属性信息关联"的顺序依次开展。

在概念设计阶段，根据中国生态文明模式数据库建设目标，完成顶层概念及其关系的设计；在逻辑设计阶段，以概念模型为依据开展生态文明模式属性、关系及属性项的规范设计；在名录填写阶段，利用美丽中国生态文明模式调查挖掘名录，填注模式实例、名称、分类等调查挖掘信息；在空间位置计算阶段，定位并校正生态文明模式所处的空间位置，从地理分区、省、市、县、地址、空间经纬度坐标等多尺度对生态文明模式进行精细空间化处理；在属性信息关联阶段，选取相关的基础数据，采用生态文明模式孕育环境属性信息关联方法，对每项生态文明模式记录的属性数值进行关联填充。

其中，属性信息关联需依据中国生态文明模式数据库建设目标，选取 2010 ~ 2020 年的数据作为信息关联数据源，以支撑中国生态文明模式孕育环境属性信息的关联计算，具体指标名称所对应的数据如表4-9所示。

表 4-9 中国生态文明模式孕育环境属性信息资料来源表

类型	指标名称	数据来源选取
本底信息	降水量（县/区年降水量）	国家气象科学数据中心 http：//data. cma. cn/dataService/cdcindex/datacode/A. 0012. 0001/show_value/normal. html
	土壤类型（土壤区划）	中国科学院资源环境科学与数据中心 https：//www. resdc. cn/
	气候类型（气候区划）	中国科学院资源环境科学与数据中心 https：//www. resdc. cn/
	植被净初级生产力	北纬18°以北中国陆地生态系统逐月净初级生产力1km栅格数据集（1985-2015） https：//www. geodoi. ac. cn/WebCn/doi. aspx？Id＝1212
	平均海拔高度	中国科学院资源环境科学与数据中心 https：//www. resdc. cn/
	次级成因地貌类型	国家地球系统科学数据中心 https：//www. geodata. cn
资源丰富程度	耕地面积	30m全球地表覆盖数据（GlobeLand30数据） http：//www. globallandcover. com/defaults. html？src＝/Scripts/map/defaults/browse. html&head＝browse&type＝data
	草地覆盖率	30m全球地表覆盖数据（GlobeLand30数据） http：//www. globallandcover. com/defaults. html？src＝/Scripts/map/defaults/browse. html&head＝browse&type＝data
	人均水资源量	2020年中国县域统计年鉴（县市卷）
	林地覆盖率	30m全球地表覆盖数据（GlobeLand30数据） http：//www. globallandcover. com/defaults. html？src＝/Scripts/map/defaults/browse. html&head＝browse&type＝data
经济发达程度	GDP总值（国内生产总值）	2020年中国县域统计年鉴（县市卷）
	人均GDP（人均国内生产总值）	2020年中国县域统计年鉴（县市卷）
	城镇居民人均储蓄存款余额	2020年中国县域统计年鉴（县市卷）
	第二产值占GDP比重	2020年中国县域统计年鉴（县市卷）
	第三产值占GDP比重	2020年中国县域统计年鉴（县市卷）

类型	指标名称	数据来源选取
环境 友好 程度	地表水环境质量	基于全国各个断面水质数据与《地表水环境质量标准》（GB 3838—2002），对国家地表水水质自动监测实时数据发布系统（http://www.cnemc.cn/）的各个站点的数据进行空间插值处理，并基于县级尺度进行了水质数据的统计
	土壤侵蚀模数	全球土壤侵蚀制图 2017 数据集
	动植物栖息地	中国珍稀动植物栖息地分布图 http://120.26.232.88:6080/arcgis/rest/services/ROOT/HJMGQ/MapServer/21
	自然保护区面积占比	全国自然保护区分布图进行面积统计
	自然灾害综合风险度	中国自然灾害区划图 史培军. 中国自然灾害风险地图集. 北京：科学出版社，2011
社会 发展 程度	高速公路及铁路密度	中国交通年鉴和中国铁道年鉴
	医疗卫生机构床位数	2020 年中国县域统计年鉴（县市卷）
	3A 以上旅游景点数量	中国 A 级旅游景点目录
文化 信息	主要民族	百度百科、2020 年中国县域统计年鉴（县市卷）
	主要方言	百度百科、2020 年中国县域统计年鉴（县市卷）
	非物质文化遗产名录	中国五批 3610 个国家级非物质文化遗产空间分布数据集
	非物质文化遗产名录数量	中国五批 3610 个国家级非物质文化遗产空间分布数据集
	非物质文化遗产名录类型名录	中国五批 3610 个国家级非物质文化遗产空间分布数据集

4.4.2　中国生态文明模式数据库及其适用性

利用上述数据源资料和数据库建设方法，中国生态文明模式数据库构建形成了记录中华人民共和国 2010～2020 年显现出的优秀生态文明模式及其孕育环境属性信息。其中，数据记录共计 13942 个，数据项共计 42 项，具体包括生态文明模式基础信息 14 项、本底信息 6 项、资源丰富程度信息 4 项、经济发达程度信息 5 项、环境友好程度 5 项、社会发展程度信息 3 项、文化信息 5 项。详细说明参见表 4-10。

表 4-10 中国生态文明模式数据库指标项说明

数据项类型	数量	具体指标	含义	揭示孕育环境要素
生态文明模式基础信息	14	一级生态文明模式	美丽中国生态文明模式分类体系类别	—
		二级生态文明模式	美丽中国生态文明模式分类体系类别	
		三级生态文明模式	美丽中国生态文明模式分类体系类别	
		生态文明模式名称	美丽中国生态文明模式名称	
		生态文明模式内涵	美丽中国生态文明模式内涵	
		生态文明模式图片	美丽中国生态文明模式图片	
		数据来源	美丽中国生态文明模式的数据来源	
		地址	美丽中国生态文明模式所在地址信息	空间要素特征
		省份	美丽中国生态文明模式所在省份信息	
		城市	美丽中国生态文明模式所在城市信息	
		区县	美丽中国生态文明模式所在区县信息	
		经度	美丽中国生态文明模式所在中心点经度	
		纬度	美丽中国生态文明模式所在中心点纬度	
		地理分区	美丽中国生态文明模式所在地理分区	基本地理特征
本底信息	6	降水量（县/区年降水量）	美丽中国生态文明模式所处区域降水量	水要素基本特征
		土壤类型（土壤区划）	美丽中国生态文明模式所处区域土壤类型	土要素基本特征
		气候类型（气候区划）	美丽中国生态文明模式所处区域气候类型	气要素基本特征
		植被净初级生产力	美丽中国生态文明模式所处区域植被净初级生产力	生物要素基本特征
		平均海拔高度	美丽中国生态文明模式所处区域平均海拔高度	高程要素特征
		次级成因地貌类型	美丽中国生态文明模式所处区域次级成因地貌类型	地表形态特征
资源丰富程度信息	4	耕地面积	美丽中国生态文明模式所处区域耕地面积	种植资源特征
		草地覆盖率	美丽中国生态文明模式所处区域草地覆盖率	养殖资源特征
		人均水资源量	美丽中国生态文明模式所处区域人均水资源量	生活资源特征
		林地覆盖率	美丽中国生态文明模式所处区域林地覆盖率	生态资源特征
经济发达程度信息	5	GDP（国内生产总值）	美丽中国生态文明模式所处区域生产总值	经济基本特征
		人均GDP（人均国内生产总值）	美丽中国生态文明模式所处区域人均生产总值	个体经济基本特征
		城镇居民人均储蓄存款余额	美丽中国生态文明模式所处区域城镇居民人均储蓄存款余额	生活质量基本特征
		第二产业占GDP比重	美丽中国生态文明模式所处区域第二产值占GDP比重	农业经济基本特征
		第三产业占GDP比重	美丽中国生态文明模式所处区域第三产值占GDP比重	服务经济基本特征

数据项类型	数量	具体指标	含义	揭示孕育环境要素
环境友好程度信息	5	地表水环境质量	美丽中国生态文明模式所处区域地表水环境质量	水环境基本特征
		土壤侵蚀模数	美丽中国生态文明模式所处区域土壤侵蚀模数	土环境基本特征
		动植物栖息地	美丽中国生态文明模式所处区域动植物栖息地	生物环境基本特征
		自然保护区面积占比	美丽中国生态文明模式所处区域自然保护区面积占比	生态环境基本特征
		自然灾害综合风险度	美丽中国生态文明模式所处区域自然灾害综合风险度	灾害环境基本特征
社会发展程度信息	3	高速公路及铁路密度	美丽中国生态文明模式所处区域高速公路及铁路密度	地区发展基础特征
		医疗卫生机构床位数	美丽中国生态文明模式所处区域医疗卫生机构床位数	地区生存基本特征
		3A 以上旅游景点数量	美丽中国生态文明模式所处区域 3A 以上旅游景点数量	地区生活基本特征
文化信息	5	主要民族	美丽中国生态文明模式所处区域主要民族	民族文化基本特征
		主要方言	美丽中国生态文明模式所处区域主要方言	语言文化基本特征
		非物质文化遗产名录	美丽中国生态文明模式所处区域非物质文化遗产名录	历史文化信息
		非物质文化遗产名录数量	美丽中国生态文明模式所处区域非物质文化遗产名录数量	历史文化基本特征
		非物质文化遗产名录类型名录	美丽中国生态文明模式所处区域非物质文化遗产名录类型名录	历史文化信息

美丽中国生态文明模式调查、分析与应用

4.5 小　结

　　本章针对美丽中国生态文明模式数据库资料不完备的问题，从数据资源建设角度出发，围绕中国生态文明模式数据库建设的难点开展讨论。首先，明确了中国生态文明模式数据库建设的目标与原则，明确目标的指引下从总体开展了概念模型及逻辑模型设计。其次，针对中国生态文明模式数据库建设过程中两个难点问题生态文明模式空间化和孕育环境属性信息关联，分别提出了基于遥感影像的地名校正方法和中国生态文明模式孕育环境属性信息自动关联方法，解决了数据库建设在空间位置和属性自动关联的问题。最后，根据建设目标逐项梳理属性信息的数据源，并构建完成中国生态文明模式数据库。

第5章

中国生态文明模式格局分析

生态文明建设与美丽中国目标的达成离不开生态文明模式空间格局的分析。在前置章节中，美丽中国生态文明模式概念分类体系提出、名录调查挖掘和数据库构建为空间格局分析奠定了数据基础，但是其空间格局和区域典型模式等缺乏系统分析，难以揭示中国生态文明模式的空间分布及特征。针对此问题，本章从地理学空间分析视角出发，描绘中国生态文明模式总体空间格局及资源丰富、经济发达、环境友好、社会发展方面的分布情况，进一步剖析不同类目下生态文明模式在我国的空间格局，并阐述不同地理分区典型生态文明模式及孕育原因。

5.1 中国生态文明模式总体空间格局

本节分析阐述中国生态文明模式总体空间格局，以及在资源丰富程度、经济发达程度、环境友好程度和社会发展程度方面的空间分布和空间形态，希望能从全局视角梳理中国生态文明模式的空间分布现状。

5.1.1 中国生态文明模式总体空间格局

参照美丽中国生态文明模式分类体系，在中国生态文明模式数据库的支撑下，中国生态文明模式的总体空间格局呈现出"西疏东密、团簇显著、核心聚集"的典型特点。其中，西疏东密，是指在中国生态文明模式数量方面，西部地区较为稀疏，东部地区较为稠密。团簇显著，是指在中国生态文明模式的结构方面，以团簇汇聚形式为显著特点，小团簇形成大团簇。核心聚集，是指在中国生态文明模式的分布方面，以核心为牵引形成聚集区，进而关联引导生态文明模式的分布。具体来看，总体空间格局参见图5-1所示。

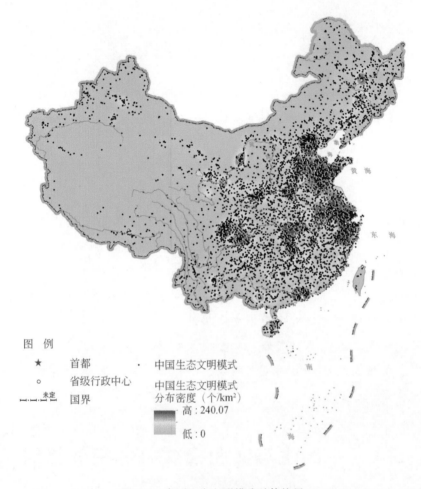

图 例

★ 首都

。 省级行政中心

国界 未定

· 中国生态文明模式

中国生态文明模式
分布密度（个/km²）

高：240.07

低：0

图 5-1　中国生态文明模式总体格局

中国生态文明模式总体格局形成的原因在于以下几个核心方面。

（1）以人口分布为驱动，区域发展态势明显

中国生态文明模式分布格局遵循人口分布的规律。在政策支持下的人口红利是当前中国社会发展的重要驱动力，凭借中华民族人民的智慧，这种发展的驱动力以中国生态文明模式的方式得以充分体现。虽然，不同区域、不同环境、不同文化条件下生态文明模式的类型和表现存在显著差异，但是以人为核心、以发展为目标的区域发展态势十分突出。

（2）以核心城市为牵引，城市群聚效应显著

中国生态文明模式分布格局呈现出以核心城市牵引的形态。城市不仅是人口聚集地，更是生产资源、科学技术、思想文化等的集中区域。美丽中国生态文明模式的形成既离不开实践区域，更需要能够支撑其从实践到模式内涵形成所需的区域。

因而中国生态文明模式格局以城市为牵引，并且聚集成不同类型、不同形态的城群形态。

（3）以国家目标为导向，政策指向效果突出

中国生态文明模式分布格局以政策指引下的国家建设目标为导向，充分体现集中力量办大事的思想，针对重大的国家发展目标，部署重点建设方向、工程及任务，例如京津冀地区、长江三角洲、粤港澳大湾区、三峡水利工程、西北防护林等，围绕针对性的国家目标，形成了具有突出代表性的一系列生态文明模式。

5.1.2 中国资源环境与经济社会总体空间格局

中国生态文明模式总体格局的形成来源于资源环境与经济社会等各方面的共同支撑，下面依次概览中国资源丰富程度、经济发达程度、环境友好程度、社会发展程度等方面的空间格局。

5.1.2.1 中国资源丰富程度空间格局

为综合展示中国资源丰富程度空间格局，本书从草地资源分布、林地资源分布、人均水资源拥有量、农林牧副渔总产值和年均降水量等方面进行评估，其中将各个指标在县级行政区内进行标准化处理，参见图5-2，通过等权重综合后的资源生态文明指数揭示中国资源丰富程度空间格局，参见图5-3。

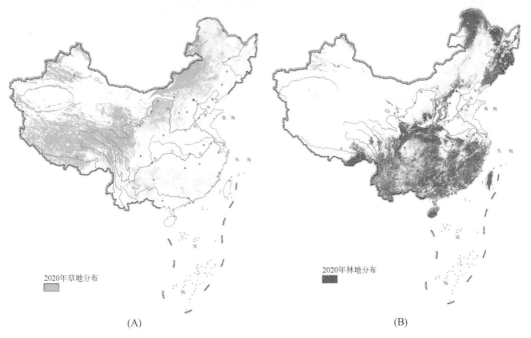

|（A）| （B）|

2020年草地分布　　　　　　　　　2020年林地分布

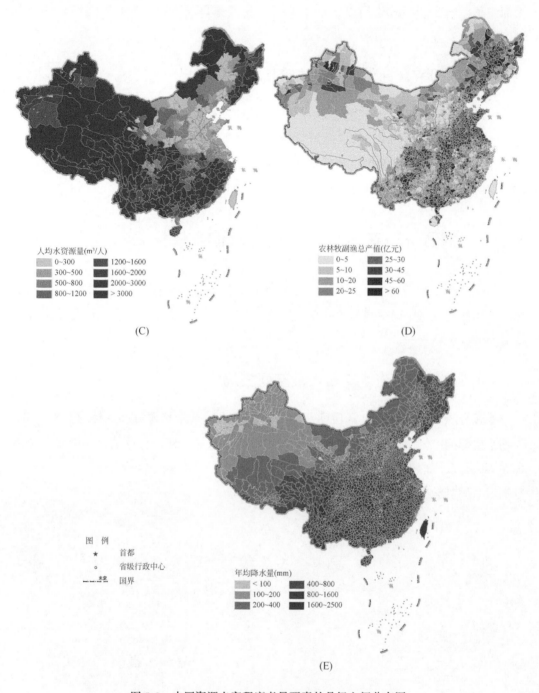

美丽中国生态文明模式调查、分析与应用

图5-2　中国资源丰富程度考量要素的县级空间分布图

5.1.2.2　中国经济发达程度空间格局

综合展示中国经济发达程度空间格局，本书从 GDP、人均 GDP、城镇居民人均存款余额、第二产业占 GDP 比重和第三产业占 GDP 比重等方面进行评估，其中将各个指标在县级行政区内进行标准化处理参见图 5-4，通过等权重综合后的经济生态文明指数揭示中国经济发达程度空间格局参见图5-5。

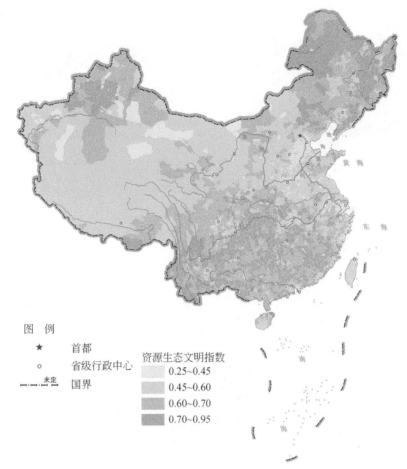

图 5-3 中国资源丰富程度空间格局

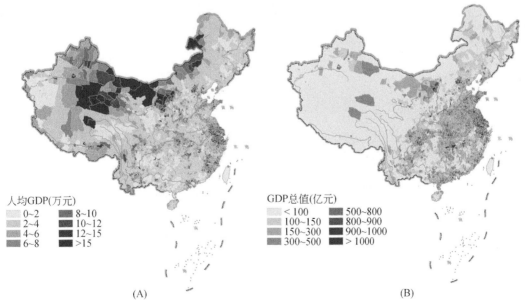

(A)

(B)

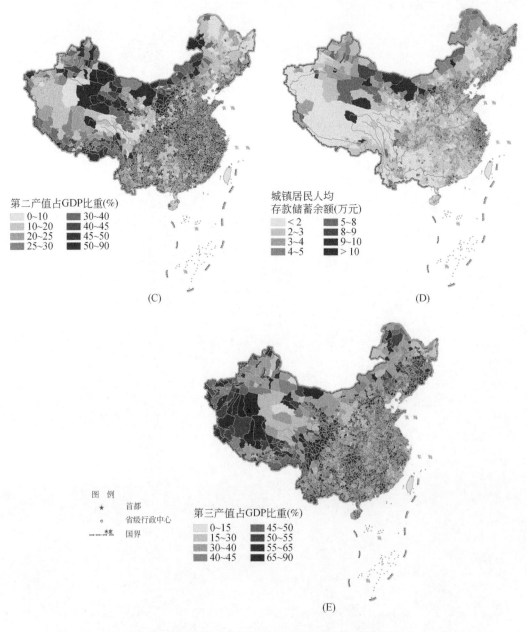

图5-4　中国经济发达程度考量要素的县级空间分布图

5.1.2.3　中国环境友好程度空间格局

综合展示中国环境友好程度空间格局，本书从地表水环境质量、土壤侵蚀模数、自然保护区空间分布、动植物栖息地空间分布和自然灾害相对风险等级等方面进行评估，其中将各个指标在县级行政区内进行标准化处理，参见图5-6，通过等权重综合后的环境生态文明指数揭示中国环境友好程度空间格局，参见图5-7。

美
丽
中
国
生
态
文
明
模
式
调
查
、
分
析
与
应
用

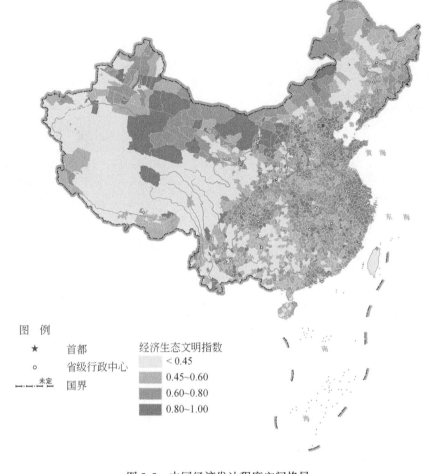

图例

★　　　首都

○　　　省级行政中心

├─·─·─┤　国界
　未定

经济生态文明指数

　< 0.45

　0.45~0.60

　0.60~0.80

　0.80~1.00

图 5-5　中国经济发达程度空间格局

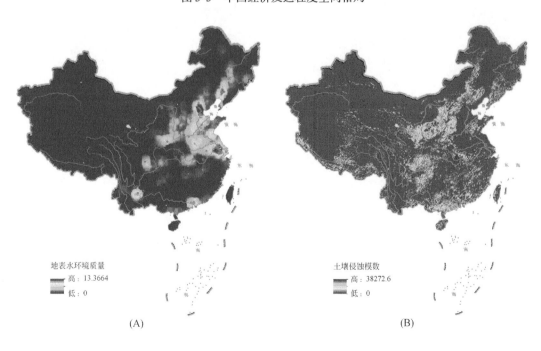

地表水环境质量

高: 13.3664

低: 0

土壤侵蚀模数

高: 38272.6

低: 0

(A)　　　　　　　　　　　　　　　　　　　　　　　　(B)

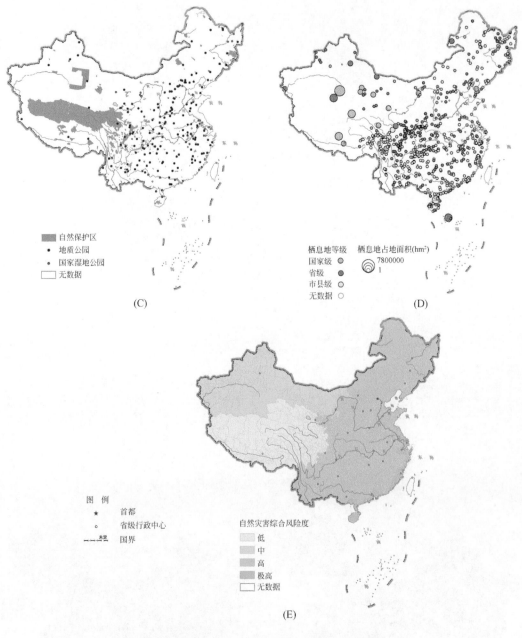

图例 说明

★ 首都
○ 省级行政中心
—— 国界

自然保护区
· 地质公园
· 国家湿地公园
□ 无数据

(C)

栖息地等级 栖息地占地面积(hm²)
国家级 ●
省级 ● ○ 7800000
市县级 ○ 1
无数据 ○

(D)

自然灾害综合风险度
低
中
高
极高
□ 无数据

(E)

图 5-6 中国环境友好程度考量要素的县级空间分布图

5.1.2.4 中国社会发展程度空间格局

综合展示中国社会发展程度空间格局，本书从高速公路及铁路分布、3A 以上旅游景点分布、非物质文化遗产地数目、耕地分布和医疗机构床位数等方面进行评估，其中将各个指标在县级行政区内进行标准化处理参见，图 5-8，通过等权重综合后的社会生态文明指数揭示中国社会发展程度空间格局参见，图 5-9。

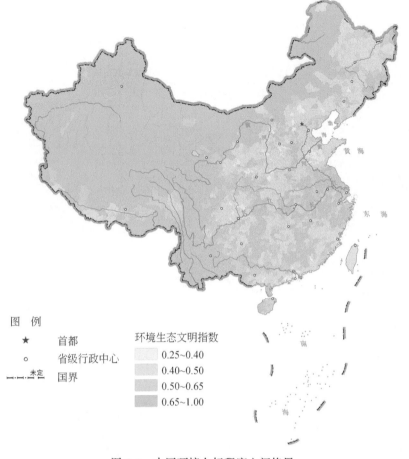

图 例

★ 首都

。 省级行政中心

├─┼─┤ 国界

环境生态文明指数

0.25~0.40

0.40~0.50

0.50~0.65

0.65~1.00

图 5-7 中国环境友好程度空间格局

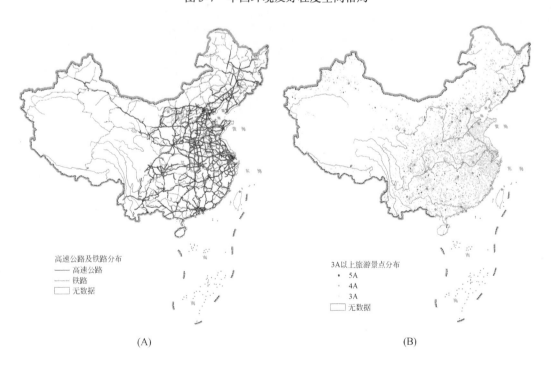

高速公路及铁路分布

—— 高速公路

—— 铁路

☐ 无数据

3A以上旅游景点分布

· 5A

· 4A

· 3A

☐ 无数据

(A)   (B)

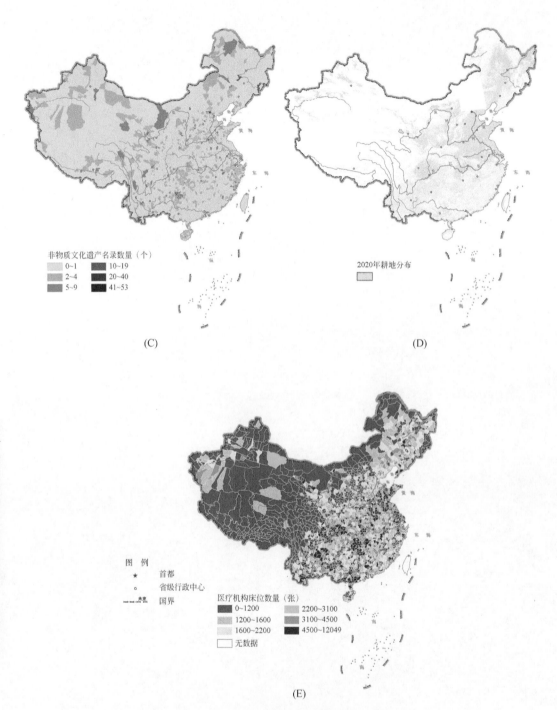

非物质文化遗产名录数量（个）
- 0~1
- 2~4
- 5~9
- 10~19
- 20~40
- 41~53

(C)

2020年耕地分布

(D)

图 例
- ★ 首都
- ○ 省级行政中心
- 国界

医疗机构床位数量（张）
- 0~1200
- 1200~1600
- 1600~2200
- 无数据
- 2200~3100
- 3100~4500
- 4500~12049

(E)

图 5-8　中国社会发展程度考量要素的县级空间分布图

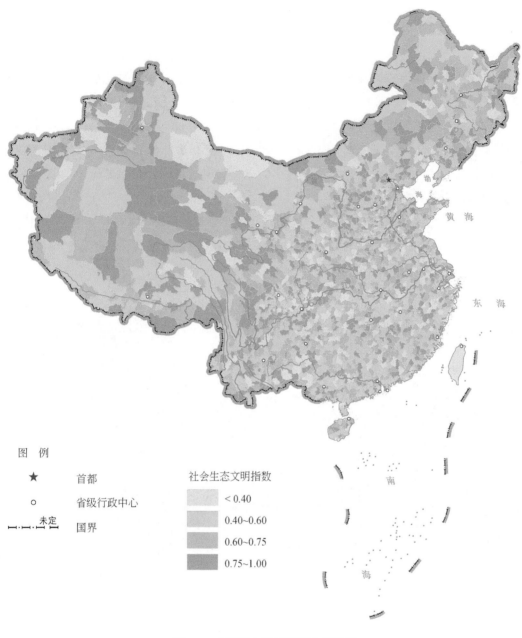

图 5-9 中国社会发展程度空间格局

5.2 中国生态文明模式分级分类空间格局

    在总体空间格局的基础上，为进一步揭示不同类型中国生态文明模式的空间格局，本节将按美丽中国生态文明模式分类体系，重点阐述一级与二级类目下的空间分布格局。

5.2.1 中国生态文明模式一级分类空间格局

中国生态文明模式共有四个一级分类：自然保护与生态环境修复治理模式、生态农林牧业发展模式、新型城镇与绿色工业发展模式和其他生态文明模式。由于其他生态文明模式用于扩展填录新诞生的生态文明模式，此处暂不讨论。从总体上来讲，中国生态文明三个一级文明模式呈现"东部集聚、西部稀疏"的特征，大多数生态文明模式的出现位于我国中东部地区，但每类生态文明模式具体分布差异显著，以下依次展示其空间分布格局。

自然保护与生态修复治理模式空间格局呈现"多核心聚集，长江中下游面状分布"的现象。与总体空间格局相较差异明显，参见图5-10。具体来看，自然保护与生态修

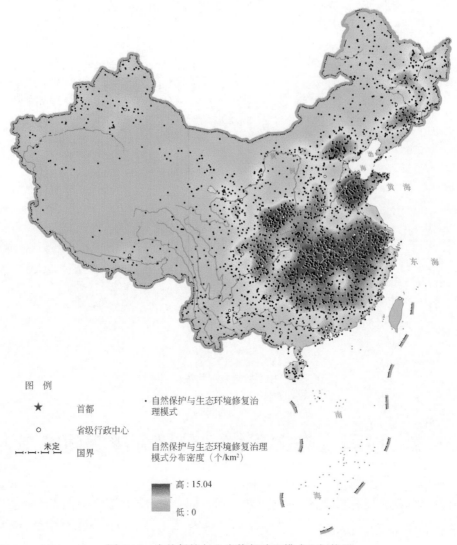

图5-10 自然保护与生态修复治理模式空间格局

美丽中国生态文明模式调查、分析与应用

复治理主要分布区多为重点生态工程建设区域，例如长江重大水利工程、荒漠化及石漠化治理、大范围生态保护和生态治理工程。

生态农林牧业发展模式空间格局呈现出"东部聚集，中、西、南部分散"的现象，参见图 5-11。其中，京津冀地区、长江三角洲、成渝经济区、粤港澳大湾区等区域较为集中，可以理解为生态农林牧业发展的目标是为了满足特大城市的巨额农林牧产品需求，经过技术、性能、管理、供应等提升，进而使得生产力大幅提升的具体表现。

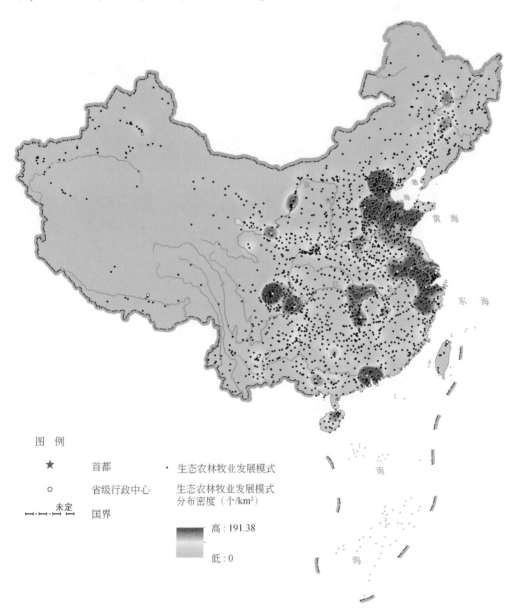

图 5-11　生态农林牧业发展模式空间格局

绿色工业发展模式空间格局呈现出"多中心聚集，南强北弱，东强西弱"的现象，参见图 5-12。其中，长江三角洲、山东半岛、京津冀地区、黄河中下游流域、关中平原、成都平原等区域较为集中。上述典型区域经济发展程度相对较高，经济基础和社会发展程度是工业、技术、环境等要素转型的基础，因而这些区域孕育绿色工业发展模式十分突出。

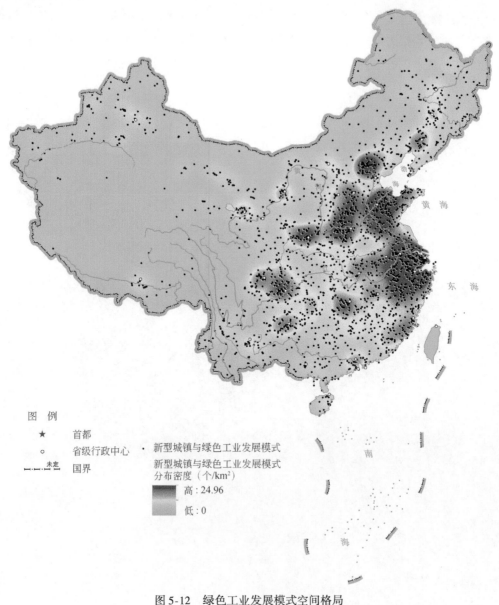

图 5-12　绿色工业发展模式空间格局

5.2.2　中国生态文明模式二级分类空间格局

中国生态文明模式共有 9 个二级分类：自然保护地模式、生态修复治理模式、环境污染治理模式、生态农业模式、生态林业模式、生态畜牧业模式、新型城镇化模式、生态工业模式和绿色消费模式。其中，环境污染治理模式主要是代表性污染防治案例集，因其对空间格局的揭示能力有限，暂未讨论其整体空间格局。同时，生态农林牧业发展模式（包括生态农业模式、生态林业模式和生态畜牧业模式）根据生态文明模式调查挖掘名录案例中突出的混合种养和新型农业特征，可以归为四个突出类型：生态种植模式、生态养殖模式、种养结合模式和创新农业模式。其中，生态种植模式主要对应生态农业模式和生态林业模式；生态养殖模式对应生态畜牧业模式；种养结合模式对应其中的海量种植和养殖混合模式；创新农业模式对应突出的农业模式新类型。所以下文依次阐述自然保护地模式、生态修复治理模式、生态种植模式、生态养殖模式、种养结合模式、创新农业模式、新型城镇化模式、生态工业模式和绿色消费模式的空间分布格局。

　　自然保护地模式主要围绕构建不同主题、不同类型、不同范围的自然保护地，空间格局呈现"长江中下游面状分布"的现象，参见图5-13。

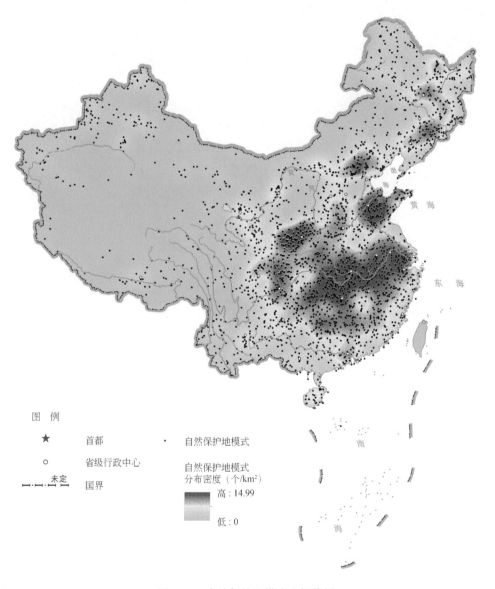

图 5-13　自然保护地模式空间格局

生态修复治理模式主要围绕生态修复治理的重点区域开展，例如福建、江西、浙江、甘肃等地，空间格局呈现"多中心开展，东南集聚"的现象，参见图5-14。

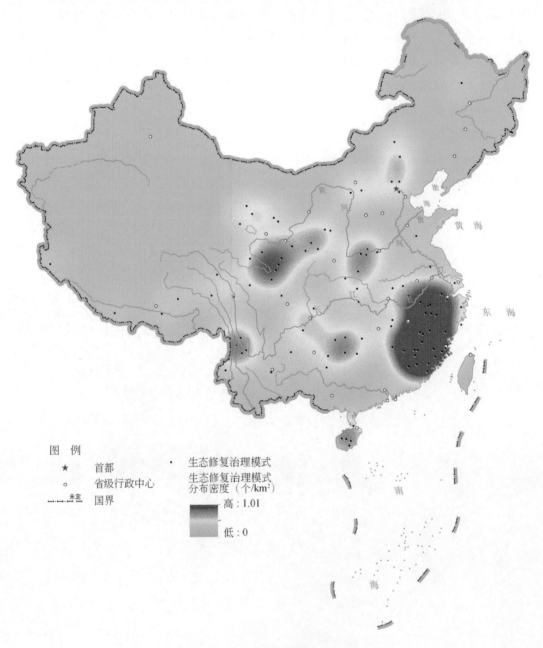

图5-14 生态修复治理模式空间格局

生态种植发展模式主要围绕高效、节约、经济化种植目标开展，重点针对高附加产品的种植，格局呈现"津京冀富集，多点开花"的特征，具体空间格局参见图5-15。

美丽中国生态文明模式调查、分析与应用

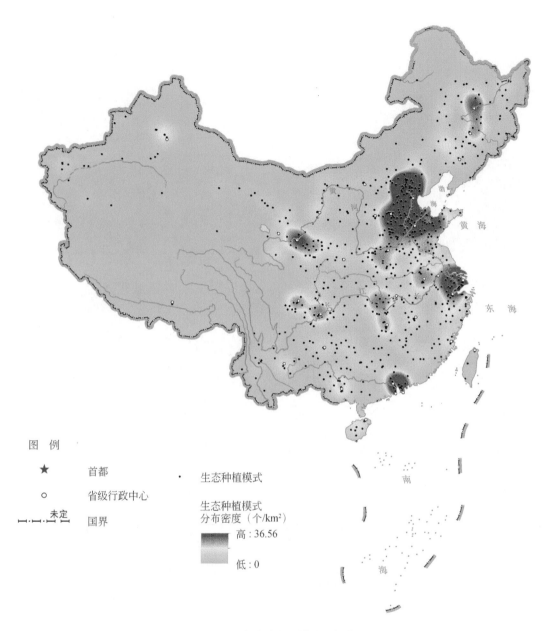

图 5-15　生态种植发展模式空间格局

　　生态养殖发展模式主要围绕高效规模化养殖目标开展，格局呈现出"东南沿海分布，内陆湖泊补充"的特征，具体空间格局参见图 5-16。

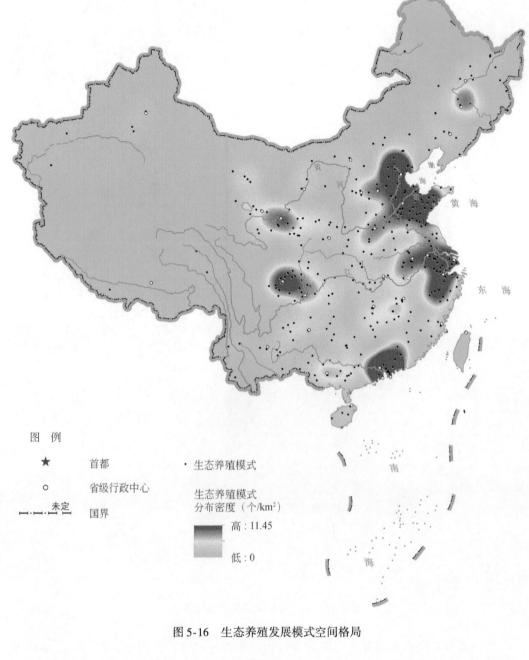

图 例

★　　　首都

○　　　省级行政中心

I·—·I·—·I 未定　国界

·　　　生态养殖模式

生态养殖模式
分布密度（个/km²）

高：11.45

低：0

图 5-16　生态养殖发展模式空间格局

　　种养结合模式主要围绕提升整体种养殖效率目标开展，格局呈现出"多中心聚集，城市群牵引"的特征，具体空间格局参见图 5-17。

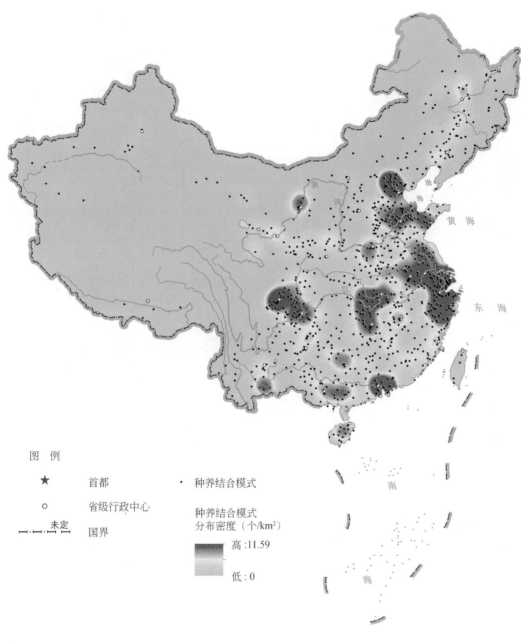

图 5-17　种养结合模式空间格局

　　创新性农业发展模式主要围绕农业中的新技术、新方法和新架构，格局呈现出"环绕科技城市"的特征，创新性农业发展模式需要以新技术为纽带，耦合城市的研发能力，共同开展农业科技创新，整体空间格局参见图 5-18。

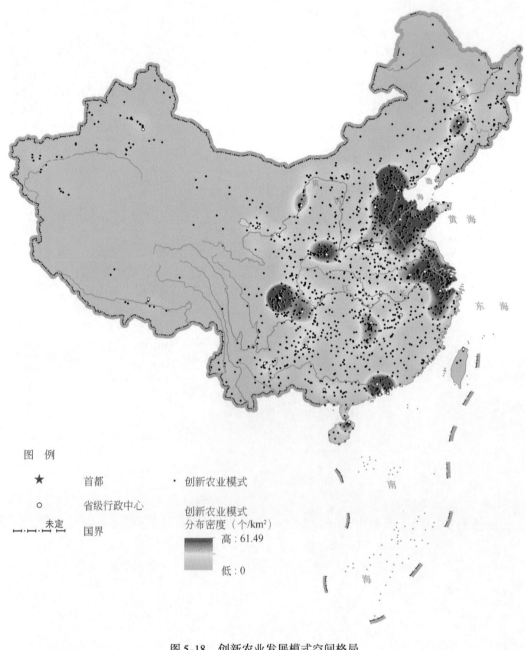

图 例

★ 首都 · 创新农业模式

○ 省级行政中心

创新农业模式
分布密度（个/km²）
高：61.49

未定

国界 低：0

图 5-18 创新农业发展模式空间格局

　　新城镇化发展模式主要围绕城镇发展的研究路线制定。格局呈现出"重点区域集中，其他区域分散"的特征，以北京、长江三角洲、河南、山东为核心，发展程度受到区域经济情况的极大影响，具体空间格局参见图 5-19。

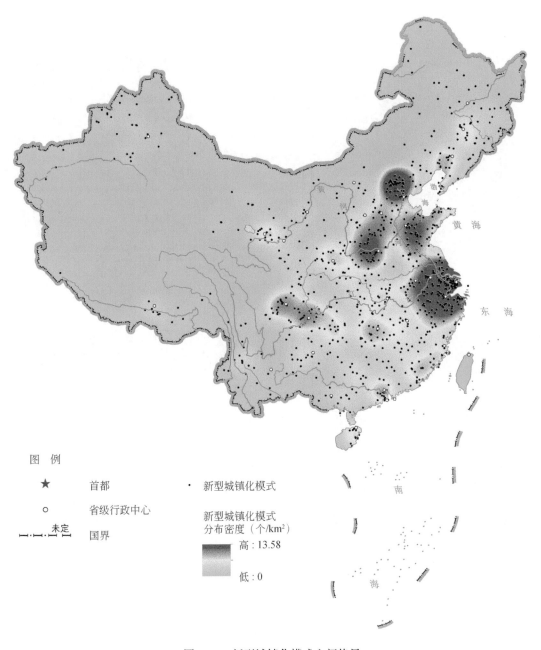

图 例

★   首都

○   省级行政中心

├─┼─┤ 未定
国界

·   新型城镇化模式

新型城镇化模式
分布密度（个/km²）

高：13.58

低：0

图 5-19   新型城镇化模式空间格局

　　绿色消费模式主要围绕人民生活消费模式的转变。格局呈现出"东南分布、东南集中"的显著特征，以山东、江苏、浙江、福建等为核心区域，形成了以慢城文化、手工艺文化遗产等为代表性的一系列区域发展业态，具体空间格局参见图5-20。

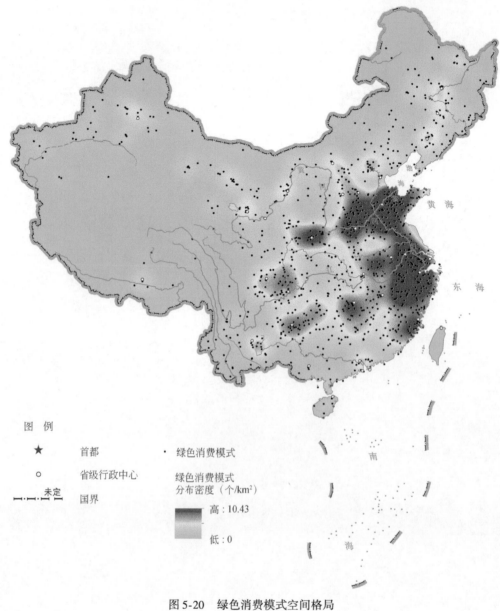

图 5-20　绿色消费模式空间格局

5.3　区域典型生态文明模式分析

　　中国生态文明模式空间总体格局和分级分类空间格局，能够有效揭示出生态文明模式的空间分布规律。为进一步了解不同区域的典型代表性生态文明模式及其孕育原因，本节重点对不同地理区域内的生态文明模式进行分析，并阐述其孕育条件及原因。

5.3.1 华北典型生态文明模式

华北地区（包括北京市，天津市，河北省中南部、山西省，内蒙古中部），是中国地理区划之一。在自然地理上一般指秦岭—淮河线以北，长城以南的中国的广大区域，范围包括：燕山以南，淮河以北，太行山以东，濒临渤海和黄海。区内有我国第二大平原——华北平原，海拔多在 50m 以下，地面平坦，西高东低。气候分区大致以 ≥10℃积温 3200℃（西北段为 3000℃）等值线、1 月平均气温 –10℃（西北段为 –8℃）等值线为界。华北地区气候类型主要为温带季风气候，夏季高温多雨，冬季寒冷干燥，年平均气温在 8～13℃左右，年降水量在 400～1000mm，内蒙古自治区部分降水量少于 400mm，为半干旱区域。华北地区总面积约为 83 万 km²，总人口约占全国人口四分之一。本区地理位置优越，是连接东北、西北、东南和中南的中央枢纽，又是环渤海经济圈的主体部分。本区地处中国第二大平原华北平原，又是首都北京所在地，历史悠久，经济发达，是中国北方经济重心。水资源短缺是本区经济发展的重要限制因素。

总的来看，华北地区生态文明模式的应用较为全面。从模式数目上分析，突出的生态文明模式占全国的 12.7%；从模式类型上分析，覆盖全部二级生态文明模式；从空间分布格局上分析，其结果参见图 5-21。其中，华北地区生态文明模式存在显著空

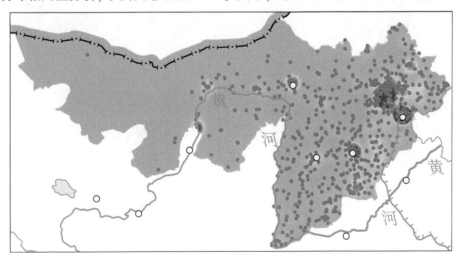

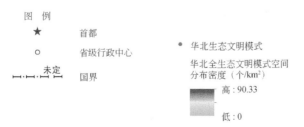

图 例

★　　　首都

○　　　省级行政中心

├·─·─┤未定　国界

●　华北生态文明模式

华北全生态文明模式空间
分布密度（个/km²）

高：90.33

低：0

图 5-21　华北地区生态文明模式空间分布核密度图

间聚集区（北京天津区域、河北西南部、晋中南区域、内蒙古河套地区沿线），并形成了不同的突出特色。

华北地区典型生态文明模式以荒漠化治理、水肥一体化、林草畜、清洁生产、生态文化等模式为主，具体参见表5-1，其空间分布参见图5-22。

表5-1　华北地区典型生态文明模式简要信息表

区域	序号	典型生态文明模式名称	代表区域示例	所属一级生态文明模式类目
华北地区	1	荒漠化治理模式	山西省右玉县"右玉模式"、塞罕坝机械林场	自然保护与生态环境修复治理模式
	2	水肥一体化模式	衡水饶阳县	生态农林牧业发展模式
	3	林草畜模式	山西朔州怀仁模式	
	4	清洁生产模式	太原钢铁、阳泉煤业一矿	新型城镇与绿色工业发展模式
	5	生态文化模式	北京明清故宫、天坛、山西平遥古城	

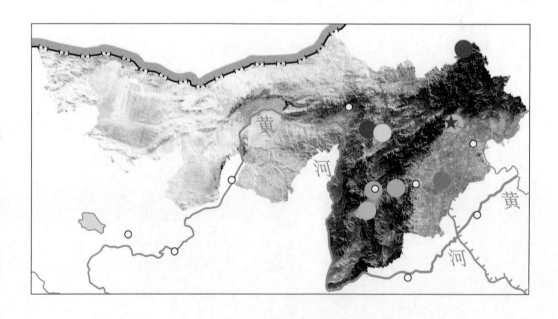

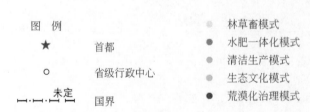

图 5-22　华北地区典型生态文明模式分布图

其中，华北地区荒漠化治理模式的孕育条件主要包括四方面：第一，自然历史条件延续是基础。华北地区的自然历史条件中包括干旱气候，低降水量和高蒸发率，这

美丽中国生态文明模式调查、分析与应用

些因素造成土地干旱和沙漠化的倾向，此外，高风蚀风化作用，尤其在无植被的沙漠地区，使土壤容易风化、侵蚀和流失。第二，生态保护工程实施是关键。结合科技创新手段实施生态保护工程是防止荒漠化蔓延，孕育荒漠化治理的有效途径。栽植树木和草本植物、恢复草原和草地等生态保护工程是孕育系列荒漠化治理模式的关键所在。第三，人民奋斗精神延续是核心。一方面华北地区的人民长期以来一直在努力抵御荒漠化，体现出强大的凝聚力；另一方面当地居民的环保意识和土地保护知识对于保持奋斗精神至关重要。第四，可持续发展机制的建立是途径。党和政府在可持续发展方面采取政策举措，鼓励环保行为，如生态补偿政策和土地管理政策，这些政策为土地保护和生态恢复提供了有效支持。这些因素相互交织，使得在华北地区孕育出一系列有效的荒漠化治理模式。

华北地区水肥一体化模式的孕育条件可以概述为以下三个方面：第一，需求与挑战，华北地区是中国重要的粮食产区，但同时也面临着水资源短缺和土壤退化的严重问题。这就需要一种综合性的方法，既能提高农作物产量，又能有效利用水资源、改善土壤质量，减少农药和化肥的使用，以应对粮食安全和可持续农业发展的挑战。第二，水肥资源整合，水和肥料是农业生产中两个关键的资源。通过将水资源和肥料资源整合在一起，可以更有效地使用这些资源，提高农业生产的效率。这包括灌溉水的高效利用，以及肥料的精准施用，以最大程度地减少浪费和环境污染。第三，政策和技术支持，党和政府一直致力于可持续农业和资源管理，制定了一系列政策和法规，鼓励和支持农民采用水肥一体化模式。此外，科研机构和农业技术的不断发展也提供了技术支持，包括智能灌溉系统、土壤检测技术、精准施肥技术等，这些技术有助于农民更好地实施水肥一体化模式。综合考虑这些因素，华北地区的水肥一体化模式应运而生。这一模式通过综合管理水资源和肥料资源，提高了农业生产的效率和可持续性，有助于解决粮食生产和环境保护之间的平衡问题，推动了农业的现代化和可持续发展。政府政策、技术创新和社会需求的共同作用，使水肥一体化模式在华北地区得以发展和推广。

林草畜模式与其他区域的林草畜模式存在一定差异，其孕育条件主要来自于三个方面：第一，对生态恢复和环境保护需求，华北地区长期以来面临着生态环境问题，包括土地沙漠化、草地退化和水资源短缺。为了应对这些挑战，采用林草畜模式有助于实现土地的恢复和生态系统的保护。栽植树木和草本植物，修复草地，有助于改善土壤质量，减轻风蚀和水蚀，提高水资源的可持续利用。第二，水肥一体化的使用和资源整合，林草畜模式的另一个孕育原因是整合水肥资源和资源的需要。这一模式将农业、林业和畜牧业结合起来，实现资源的综合利用。通过林木的种植，可以提供木材资源，通过草地的修复，可以提供饲草资源，从而支持畜牧业的发展。同时，合理利用水资源和肥料，实施水肥一体化，有助于提高农田产量，降低水资源和肥料的浪费。第三，可持续发展和农民生计改善，这一模式有助于农民多元化农业生产，增加农民收入，改善农村生计。林木和草地资源的经济价值可以为农民提供额外的收入来源，同时提供生态补偿政策和生态旅游机会，有助于增加农民的收入，提高他们的生活水平。上述三方面因素使得林草畜模式在华北地区得以孕育和发展。

清洁生产模式的孕育条件主要来自于三个方面：第一，华北地区蕴含着丰富的矿产资源，并且这些矿产资源储量较其他地区丰富，这些矿产资源为清洁生产模式提供了基础；第二，在生产过程中利用专项技术，无尘生产等，例如，滦平通过技术改造，矿山实现了绿色开采。通过 17 亿元的无尘生产技术投入，从采区到破碎、旋回、筛分，再送入选厂的过程中不会因产生扬尘而污染环境；第三，在生产开采过程后，配合进行生态修复工程，恢复耕地、林地、灌木等，真正做到生态修复。这些条件和措施的成功实施为华北地区清洁生产模式的孕育创造了条件。

生态文化模式的孕育条件主要来自于两个方面：第一，华北地区具有较多的世界文化遗产，且保存较好，为生态文化模式这种发展提供了良好的基础；第二，围绕这些具有代表性的世界文化遗产，当地以其为品牌，打造了极具代表性的文化产业，包括旅游、文创、艺术等。这些条件和措施的成功实施为华北地区生态文化模式的孕育创造了条件。

5.3.2　华东典型生态文明模式

华东地区（包括上海市、江苏省、浙江省、安徽省、山东省、江西省、福建省和台湾省），是中国七大自然地理分区之一。在地貌方面，其以丘陵、盆地、平原为主，主要山峰有泰山、黄山、九华山、武夷山等；在气候方面，华东地区属亚热带湿润性季风气候和温带季风气候，气候以淮河为分界线，淮河以北为温带季风气候，以南为亚热带季风气候，雨量集中于夏季，冬季北部常有大雪，通常集中在江苏省和安徽省的中北部地区以及山东省境内；并且其拥有众多的河流水系网，黄河、淮河、长江、钱塘江四大水系，京杭大运河贯通四大水系。这给华东地区带来了丰富的水资源，中国五大淡水湖其中有四个位于华东地区，分别是江西省的鄱阳湖、江苏省的太湖和洪泽湖，以及安徽省的巢湖，四个湖泊面积分别排中国五大淡水湖的第一、第三、第四和第五。此外，华东地区的矿产资源和生物资源也较为丰富：在矿产方面，其重在矿产种类繁多，已发现的矿种超过 150 种（含亚矿种）；在生物资源方面，华东地区动植物资源丰富，生物资源种类多、数量大，浙江省国家重点保护的野生植物有 45 种、山东境内有各种植物 3100 余种，其中野生经济植物 645 种、台湾省樟脑和樟油产量占世界总量的 70%，居世界首位。华东地区总面积 83.43 万 km^2，占全国 8.7%，总人口约为 4.3 亿左右，占全国 30%，GDP 为 28.8 万亿元，约占全国 38.7%。华东地区自然环境条件优越，物产资源丰富，商品生产发达，工业门类齐全，是中国综合技术水平最高的经济区。轻工、机械、电子工业在全国占主导地位。铁路、水运、公路、航运四通八达，是中国经济文化最发达地区，对我国具有重要的战略意义。

总的来看，华东地区生态文明建设成果较为突出。从模式数目上分析，突出的生态文明模式占全国的 29.9%；从模式类型上分析，覆盖全部二级生态文明模式；从空间格局分布上分析，其结果参见图 5-23。其中，华东地区生态文明模式形成了部分空间聚集区（山东地区、长三角经济圈和武夷山区域），形成了不同的突出特色。例如，武夷山形成了以自然保护区为核心的生态文明模式聚集。

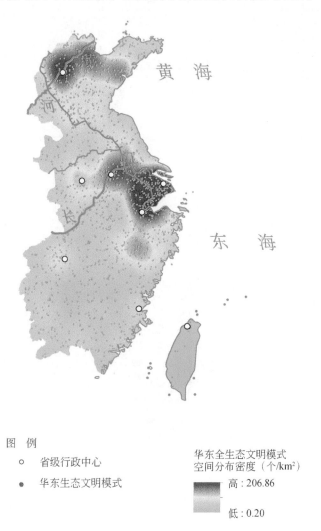

图 例

  ○ 省级行政中心

  ● 华东生态文明模式

华东全生态文明模式
空间分布密度（个/km²）

高：206.86

低：0.20

图 5-23　华东地区生态文明模式空间分布密度图

华东地区典型生态文明模式以自然公园、自然保护区、畜沼果、稻鱼类、生态园区综合体、生态旅游、美丽乡村、特色小镇等模式为主，具体参见表 5-2，其空间分布参见图 5-24。

表 5-2　华东地区典型生态文明模式简要信息表

区域	序号	典型生态文明模式名称	代表区域示例	所属一级生态文明模式类目
华东地区	1	自然公园模式	苏州太湖国家湿地公园、西溪国家湿地公园	自然保护与生态环境修复治理模式
	2	自然保护区模式	武夷山国家级自然保护区、闽江河口湿地国家级自然保护区	
	3	畜沼果生态文明模式	山东省潍坊"植沼畜"	生态农林牧业发展模式
	4	稻鱼类生态文明模式	丽水稻鱼模式、淮安稻虾模式	
	5	生态园区综合体生态文明模式	浙江省衢州"吉祥农场"模式	
	6	生态旅游生态文明模式	福建平潭综合实验区海坛湾国家级海洋公园	新型城镇与绿色工业发展模式
	7	美丽乡村生态文明模式	白雁坑地质文化村、江宁区谷里街道双塘社区大塘金村	
	8	特色小镇生态文明模式	西塘镇、莫干山镇、桠溪镇	

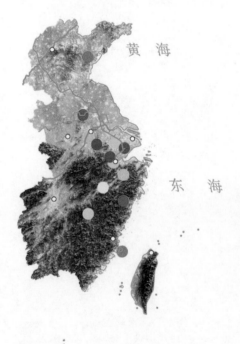

图 例

○　省级行政中心

├—·—·—┤未定　国界

● 特色小镇模式
● 生态园区综合体模式
● 生态旅游模式
● 畜沼果模式
● 稻鱼类模式
● 美丽乡村模式
● 自然保护区模式
● 自然公园模式

图 5-24　华东地区典型生态文明模式分布图

美丽中国生态文明模式调查、分析与应用

其中，华东地区自然保护与生态环境修复治理模式的核心孕育条件是丰富的原真地理特征区。仍然值得注意的是，虽然福建全境、江西南部等地原真地理特征区保持较好，但是仍然需要进一步增强自然保护的意识，以免先破坏后保护过程出现。

在生态农林牧业发展模式方面，华东地区丰富的水网资源是畜沼果和稻鱼类等生态文明模式的重要产生条件，其水网密度和湖泊丰度空间分布参见图 5-25，与三类生态文明模式的空间分布十分类似，集中于山东中北部黄河流域和长江中下游湖泊丰富区。其中，稻鱼类模式依赖水田和水域的结合，通过水稻和鱼类共生，实现资源高效利用。畜沼果模式也受益于水资源，使农田、畜牧和果树种植相互融合，提供多样化的农产品。这些模式的孕育受益于华东地区的丰富水资源，有助于实现生态文明和可持续农业发展。

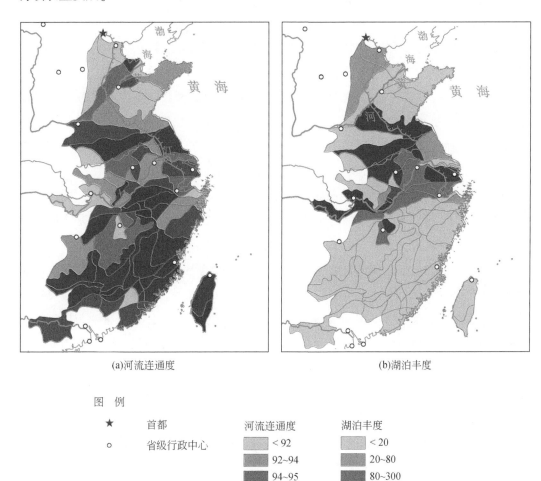

(a)河流连通度　　　　　　　　　　　(b)湖泊丰度

图　例

★　　　首都

○　　　省级行政中心

河流连通度	湖泊丰度
< 92	< 20
92~94	20~80
94~95	80~300
95~96	300~500
96~99	500~800
99以上	> 800

图 5-25　华东地区水网密度及湖泊丰度分布图

华东地区生态园区综合体生态文明模式主要依托于城市群效应,大多以农业生态园区旅游为特色,为吸引城市人口旅游而建设。该区域的生态园区综合体生态文明模式主要依附于核心城市群周围,其类型多为观光农业园和农业产业园两类。主要城市群(上海、南京、杭州、苏州、福州、济南、青岛等城市)周围的生态园区综合体数目为 347 个,占总数的近 60%。华东地区生态园区综合体生态文明模式的广泛应用脱离不开其城市群的建设。因此,华东地区生态园区综合体生态文明模式的孕育条件主要是城市群的支撑。

美丽乡村模式主要出现在长三角城市群附近。其孕育的主要原因在于:①华东区的经济作物在全国居于首,如江南地区雨水丰沛,河网密布,水系发达,农业基础好,可以发展特色农业,打造自身的果蔬品牌。②华东区的各类加工也比较发达,产业基地类型多样,例如,加工、制造、炼油,还有各类科技园等。华东地区的特色产业促进了华东地区的经济发展。所以产业发展型模式在华东地区出现是必然的。

此外,特色小镇模式和美丽乡村模式的建设和形成需要依托强大的地区(县级)经济和产业支撑,而华东地区的优势更是如此,其 GDP 百强县在全国占比为 68%(以 2020 年为参照),前 30 强占比超 80%,地区经济十分繁荣,极大程度上促进了美丽乡村和特色小镇的建设,是美丽乡村模式和特色小镇模式的重要孕育条件。因此,其美丽乡村模式在全国占比为 28.1%,遥遥领先第二名西南地区的 17%。

特色小镇模式和美丽乡村模式的孕育原因可概述为以下三方面:第一,强大的地区经济和产业基础。华东地区拥有强大的地区经济和多元化的产业支撑,是中国经济的重要增长引擎之一。这种经济实力为特色小镇和美丽乡村模式的建设提供了坚实的基础。地区内的大量企业和产业链的存在,为各种特色小镇提供了丰富的资源,从文化创意小镇到农业特色小镇,都可以在这个背景下得以发展。地区经济的繁荣也吸引了人才和资金,有助于推动美丽乡村和特色小镇的建设。第二,城乡融合与区域协同发展。华东地区在城乡融合和区域协同发展方面走在了全国的前沿。这种发展模式有助于推动城市与乡村的互补,促进资源共享和优势互补。城市的发展需求也推动了特色小镇的兴起,作为城市的延伸区域提供了便捷的生活和工作选择。华东地区的城乡融合模式为美丽乡村和特色小镇提供了更多的发展机会。第三,丰富的自然与文化资源。华东地区拥有丰富的自然和文化资源,包括独特的风景名胜、传统手工艺、历史古迹等。这些资源为美丽乡村和特色小镇的建设提供了丰富的素材和吸引力。当地的自然风光和传统文化吸引了游客和投资者,有助于创造独特的旅游目的地和文化体验。这些资源也为模式的发展提供了深厚的文化底蕴和创新潜力。总之,华东地区的特色小镇和美丽乡村模式之所以如此繁荣,其核心是因为强大的地区经济、城乡融合、丰富的资源和地区的开放性。这些因素使华东地区成为其他地区借鉴和学习的重要榜样,为我国的城乡发展和美丽乡村建设提供了宝贵的经验。

5.3.3　东北典型生态文明模式

东北地区（包括辽宁省、吉林省、黑龙江省、内蒙古自治区东部五盟市、河北省秦皇岛市山海关区、河北省承德市），是中国地理区划之一。东北地区自南向北跨中温带与寒温带，属温带季风气候，四季分明，夏季温热多雨，冬季寒冷干燥。自东南而西北，年降水量自1000mm降至300mm以下，从湿润区、半湿润区过渡到半干旱区。东北地区森林覆盖率高，可拉长冰雪消融时间，且森林贮雪有助于发展农业及林业。东北区矿产资源丰富，主要矿种比较齐全，主要金属矿产有铁、锰、铜、钼、铅、锌、金以及稀有元素等，非金属矿产有煤、石油、油页岩、石墨、菱镁矿、白云石、滑石、石棉等。这些资源在全国有重要的地位。分布在鞍山、本溪一带的铁矿，储量约占全国的1/4。东北水资源比较丰富，地表径流总量约为1500亿m^3，东部多于西部，北部多于南部，本区可供开发利用的水能资源约有1200万kW，充分利用后不仅可以节约煤炭和石油资源，而且对东北电网的调峰、调频将起重大作用。东北区南部濒临黄海、渤海，沿海渔场面积为5.6万n mile^2（1n mile≈1.852km）。另外，还有水库、湖泊淡水面积1358万亩（1亩≈666.7m^2），为发展海运和水产业提供了有利条件。

总的来看，东北地区生态文明模式的应用较为全面。从模式数目上分析，突出的生态文明模式占全国的9.1%；从模式类型上分析，覆盖全部二级生态文明模式；从空间格局分布上分析，其结果参见图5-26。其中，东北地区生态文明模式存在显著空间聚集区，主要集中在"哈尔滨—长春—沈阳"一线及其周边辐射区域，并形成以自然保护区、矿山生态修复和种养结合等为代表的突出特色生态文明模式。

东北地区典型生态文明模式主要是自然保护区生态文明模式、种养结合生态文明模式和清洁生产生态农业模式，具体参见表5-3，其空间分布参见图5-27。

表5-3　东北地区典型生态文明模式简要信息表

区域	序号	典型生态文明模式名称	代表区域示例	所属一级生态文明模式类目
东北地区	1	自然保护区模式	双河国家级自然保护区、平顶山国家级自然保护区、伊通火山群国家级自然保护区	自然保护与生态环境修复治理模式
	2	种养结合生态文明模式	黑龙江省大庆市草原农业园区、吉林省通化市种养结合农业园区、辽宁省抚顺市农田鱼塘种养结合	生态农林牧业发展模式
	3	清洁生产模式	中国石油辽河油田沈阳采油厂、本溪矿业有限责任公司梨树沟铁矿	新型城镇与绿色工业发展模式

其中，自然保护区模式在东北地区形成的原因核心在于以下四方面：第一，丰富

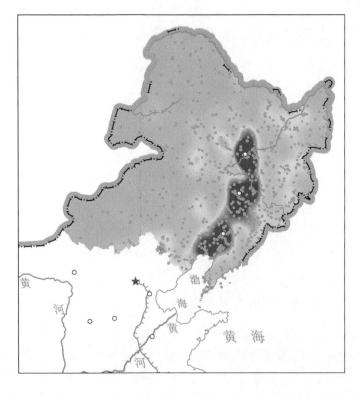

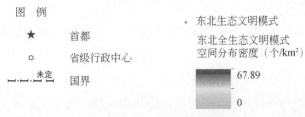

图 5-26　东北地区生态文明模式空间分布密度图

的生态资源。东北地区拥有广阔的森林、湖泊、河流和湿地等原真性地理特征资源，
参见图 5-28。这些生态资源的丰富性为自然保护区的建设提供了坚实的基础，同时也
为生态文明的发展提供了丰富的物质基础。第二，生态环境脆弱性。东北地区的一些
生态环境相对脆弱，受到了过度开发、环境污染和气候变化等问题的威胁。这种脆弱
性促使政府和社会各界意识到生态保护的紧迫性，从而推动了自然保护区的建设和生
态文明的倡导。第三，政府政策和支持。党和政府一直致力于生态文明的建设，推动
了自然保护区体系的建设和管理。政府的政策支持和投入资金为自然保护区的建设和生
态文明的发展提供了关键的支持。第四，国际合作和经验借鉴。东北地区的自然保护区
建设也受益于国际合作和经验借鉴。我国与其他国家和国际组织在生态保护领域开展了
合作，借鉴了国际上成功的经验和做法，加速了自然保护区生态文明模式的发展。

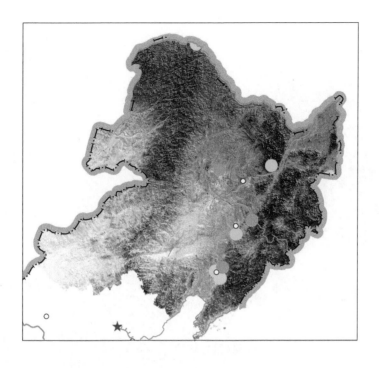

图 例

★	首都	●	清洁生产模式
○	省级行政中心	●	种养结合大类
├·┤ 未定	国界	●	自然保护区模式

图 5-27　东北地区典型生态文明模式分布图

　　具体来讲，"双河国家级自然保护区"涵盖了丰富的湿地、湖泊和森林生态系统。这个自然保护区的建立受益于政府政策支持，旨在保护珍稀物种和生态系统。同时，国际合作也有助于吸引资金和技术，以支持保护工作。"平顶山国家级自然保护区"涵盖了山地和森林生态系统。该自然保护区的建立受益于地区丰富的生态资源和政府的政策支持，它的建立旨在保护当地特有的植物和野生动物种群。"伊通火山群国家级自然保护区"拥有多个火山和湖泊。它的建立旨在保护独特的地质景观和生态系统。政府的政策支持和国际合作都为该自然保护区的建设和管理提供了重要支持。

　　种养结合生态文明模式的核心孕育原因可以概括为三个方面：第一，丰富的农业资源。东北地区拥有广阔的耕地、适宜的气候条件和丰富的水资源，为农业生产提供了有利条件。这种农业资源的丰富性为"种养结合"提供了理想的基础。第二，农村改革政策。自20世纪80年代以来党和政府推行了农村改革相关政策，鼓励农村地区发展现代农业和农村产业。这些政策为"种养结合"提供了政策支持，鼓励农民创新和发展农业。第三，农业产业多样性。我国东北地区的农业产业相对多样化，包括粮食、畜牧业、水产业等多个领域。这种多样性为"种养结合"提供了不同农业产业之间的

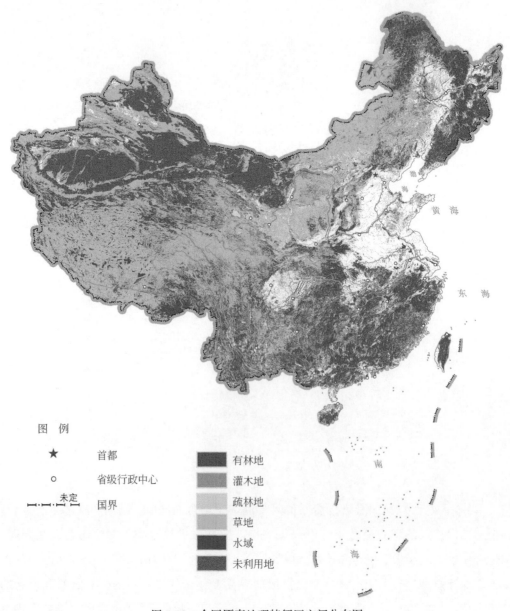

图例

★ 首都

○ 省级行政中心

|—·—|—·—| 未定　国界

有林地
灌木地
疏林地
草地
水域
未利用地

图 5-28　全国原真地理特征区空间分布图

协同发展机会。以黑龙江省大庆市草原农业园区为例，作为一个典型的"种养结合"示范区，这里利用当地的草原资源，结合区域政策的扶持，发展了牧草种植和牲畜饲养，实现了农业和畜牧业的有机结合。这种模式不仅有助于提高农产品质量和农民收入，同时也保护了生态环境。

东北地区的清洁生产生态文明模式的孕育条件主要源于以下三个方面：第一，工业传统。东北地区曾是中国的重要工业基地，拥有丰富的能源和矿产资源。随着工业的发展，也伴随着环境污染问题的加剧。因此，推动"清洁生产"模式的孕育成为迫切需求，以改善环境状况。第二，环保政策。党和政府一直致力于环境保护和可持续发展，出台了一系列环保政策和法规，鼓励企业采用更清洁、低碳的生产技术和方法。这为"清洁生产"模式的发展提供了政策支持。第三，技术创新。科技的进步为"清洁生产"提供了新的工具和方法，使企业能够更有效地减少排放和资源浪费。企业在技术创新方面的积极探索促进了"清洁生产"模式的孕育。以中国石油沈阳采油厂为例，该采油厂是中国石油的一个生产基地，前身为沈阳油田勘探指挥部，隶属于辽河油田。采油厂围绕观念创新、管理创新、制度创新、科技创新一直创造性地开展工作，采用了先进的清洁生产技术，包括油田水利用、废水处理和废气排放控制等方面的措施。这些措施有助于减少环境污染，降低生产成本，提高资源利用效率。案例表明，我国东北地区企业和政府都意识到了环保和清洁生产的重要性，采取了一系列措施来减少环境污染、提高资源利用效率，实现了"清洁生产"生态文明模式的孕育和发展。这种模式有助于促进经济可持续发展，同时减少环境负担。

5.3.4 西南典型生态文明模式

西南地区，是中国七大自然地理分区之一，东临华中地区、华南地区，北依西北地区，包括重庆市、四川省、贵州省、云南省、西藏自治区共 5 个省市区。其中四川盆地是该地区人口最稠密、交通最便捷、经济最发达的区域。云贵高原是低纬高原，为中南亚热带季风气候。低纬高原是生产四季如春气候的绝佳温床，四季如春气候的代表城市有昆明、大理等，山地适合发展林牧业，坝区适宜发展农业、花卉、烟草等产业，是高山寒带气候与立体气候分布区，也是主要的牧业区。降水方面，西南地区小雨日数最多，占总降水日数的 75%，其次为中雨日数。但大到暴雨降水量占全年总降水量的 50% 以上。青藏高原以东的西南地区（川、渝、黔、滇）境内分布着众多河流，该地区受季风环流和复杂地理环境的影响，常发生局部强降水，是中国降水局部区域差异最大、变化最复杂的地方之一。据统计，四川全省大小河流 1300 多条，流域面积在 $500km^2$ 以上的达 267 条，技术可开发量约为 1.2 亿 kW，占全国的 27% 左右，居首位。

总的来看，西南地区生态文明模式比较有特色。从模式数目上分析，突出的生态文明模式占全国的 16.7%；从模式类型上分析，覆盖全部二级生态文明模式；从空间格局分布上分析，其结果参见图 5-29。其中，西南地区生态文明模式存在显著空间聚集区，主要集中在西南地区东域"成都—重庆"、"贵阳—昆明"等地及其周边辐射区域，并形成以水资源主导下的治理、修复和利用生态文明模式类型，代表案例以石漠化治理、水环境治理和绿色能源发展模式为主。

西南地区典型生态文明模式包括有石漠化治理模式、水土流失治理模式、农业创新园区模式、生态旅游生态文明模式和绿色能源模式，具体参见表 5-4，其空间分布参见图 5-30。其中，最为突出的西南地区生态文明模式是石漠化治理模式、农业创新园

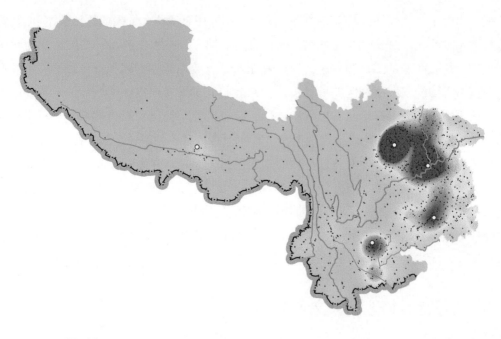

　　○　　　　省级行政中心　　　　　　　　　　•　　西南生态文明模式

　　├─┼─┤未定　国界　　　　　　　　　　　　　　西南全生态文明模式
　　　　　　　　　　　　　　　　　　　　　　　　　空间分布密度（个/km²）

154.01

0

图 5-29　西南地区生态文明模式空间分布密度图

区模式和绿色能源模式。

表 5-4　西南地区典型生态文明模式简要信息表

区域	序号	典型生态文明模式名称	代表区域示例	所属一级生态文明模式类目
西南地区	1	石漠化治理模式	黔南州荔波县、黔东南州雷山县、大理州剑川县	自然保护与生态环境修复治理模式
	2	水土流失治理模式	云南省腾冲市、四川省华蓥市、贵州省赤水市	
	3	农业创新园区模式	文山市三七产业园区、昆明市呈贡区斗南国际花卉产业园	生态农林牧业发展模式
	4	生态旅游生态文明模式	芙蓉江风景名胜区、长江三峡风景名胜区、永川区勤俭水库水利风景区	新型城镇与绿色工业发展模式
	5	绿色能源模式	云南省金平县、四川省射洪县、贵州省水城县	

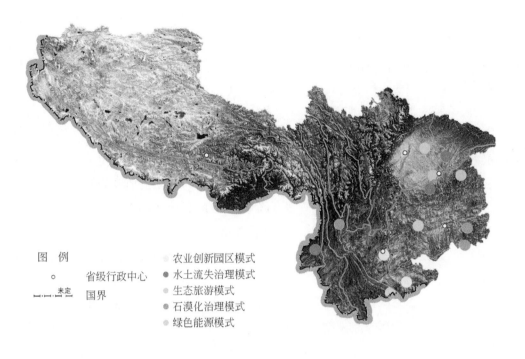

图 例
。 省级行政中心
一·一·一 未定 国界

○ 农业创新园区模式
● 水土流失治理模式
○ 生态旅游模式
● 石漠化治理模式
○ 绿色能源模式

图 5-30　西南地区典型生态文明模式分布图

　　其中，西南地区石漠化治理生态文明模式的孕育原因，主要是由于自然环境和人类活动的相互作用。一方面，西南地区的地形以山地为主，土层较薄（多数不足10cm），加上喀斯特石质山区土层容易被冲刷，基岩裸露，形成了石漠化的自然环境。另一方面，人类活动也对石漠化的形成起到了重要作用。例如，过度开垦、过度放牧、采矿等活动都导致了地表植被的破坏，进一步加剧了水土流失和岩石裸露的情况。黔南布依族苗族自治州（黔南州）荔波县、黔东南苗族侗族自治州（黔东南州）雷山县、大理白族自治州（大理州）剑川县等地区是石漠化治理的代表案例，各地区提出因地制宜的石漠化综合治理对策建议，建立了20余个石漠化治理示范区，形成了可复制可推广的综合治理模式及配套技术体系，形成了西南地区独特的石漠化治理生态文明模式。例如，黔南州荔波县在石漠化治理中采取了"封山育林+退耕还林+荒山造林"的措施，恢复了植被，控制了水土流失。同时，他们还推广了节水技术，发展了生态旅游等产业，提高了当地农民的生活水平。黔东南州雷山县则通过推广有机农业、发展特色旅游等措施，促进了当地经济的发展，同时也保护了生态环境。大理州剑川县则通过恢复湿地、建设生态廊道等措施，改善了当地的生态环境，提高了居民的生活质量。这些代表性案例的孕育与形成表明，西南地区的石漠化治理需要结合当地的自然环境和人类活动情况，采取综合性的措施，包括恢复植被、调整农业结构、推广节水技术等，才能取得长期的治理效果。

农业创新园区生态文明模式在我国西南地区的孕育原因，主要是由于农业科技创新和农业产业升级的需求。随着社会经济的发展和人民生活水平的提高，人们对农业产品的需求也日益增加，同时对农业生产的环保、安全、高效等方面的要求也越来越高。为了满足这些需求，西南地区的农业产业需要不断进行创新和升级，而农业创新园区的建设就是其中的一种重要途径。文山市三七产业园区和昆明市呈贡区斗南国际花卉产业园是西南地区农业创新园区的代表案例。这些园区以特色农业产业为基础，集合了科研、生产、加工、销售等环节，通过技术创新和产业升级，提高了农业生产效率和质量，推动了农业产业的可持续发展。其中，文山市三七产业园区以三七药材为主要特色，通过技术创新和标准化生产，提高了三七药材的品质和产量，并开发了一系列以三七为原料的保健品和药品，成为全国重要的三七药材生产和加工基地。昆明市呈贡区斗南国际花卉产业园则以花卉种植和交易为主要特色，通过引进新品种、推广新技术、建设物流体系等措施，提高了花卉生产的品质和效益，并成为亚洲最大的鲜切花交易市场之一。

绿色能源生态文明模式的孕育原因主要有两个方面：第一，自然环境因素。我国西南地区拥有丰富的自然资源，包括有水能、风能、太阳能等可再生能源，这些资源的开发利用可以减少对传统化石能源的依赖，降低能源消耗和环境污染，促进当地经济发展。第二，政策推动和社会需求。随着国家对生态文明建设的重视和人们对环保、可持续发展的认识不断提高，绿色能源的开发利用逐渐成为社会关注的焦点。国家出台了一系列政策措施，鼓励和支持绿色能源的发展，为西南地区探索绿色能源生态文明模式提供了政策保障。同时，西南地区也积极响应国家号召，推动绿色能源产业的发展，满足当地人民对清洁、可持续能源的需求。

其中，特别是丰富的水资源，重点体现在水资源总量和水库数目密度两方面。一方面，从水资源总体情况来看，西藏、四川、云南和重庆共计有湖泊1095个，2019年共计湖泊面积为38778km²，是全国湖泊水资源最丰富的地区之一（图5-31）。西藏羌塘地区湖泊20世纪以来快速扩张，而云贵高原地区湖泊面积却显著下降。总之，丰富的水资源为西南地区的水电利用提供了基础条件。

另一方面，对比西南地区水资源分布和西南地区大中型水库大坝分布（图5-32）可以看出，水库大坝基本位于水资源的中下游，并且绝大部分分布于高程落差巨大的区域（图5-33）。由此可以看出，西南地区丰富的水资源是孕育该区域绿色能源生态文明模式的核心环境条件。

5.3.5 西北典型生态文明模式

西北地区（包括陕西省、甘肃省、宁夏回族自治区、青海省和新疆维吾尔自治区），是中国七大自然地理分区之一。在气候上以温带季风气候和温带大陆性气候为

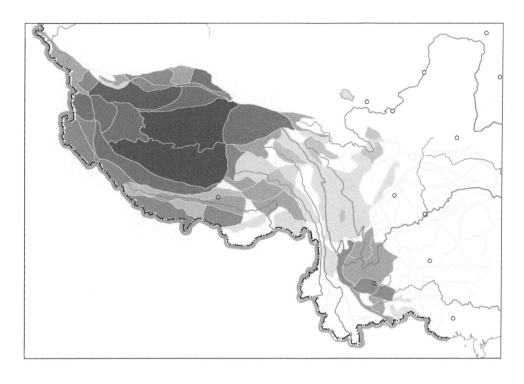

图 例

○　　省级行政中心

I·I·I　未定

　　　　国界

湖泊丰度(km²)

0~1

1~10

10~20

20~100

100~500

500~2000

2000~5000

>5000

图 5-31　西南地区水资源空间分布图

主，降水自东向西、自南向北递减（陕西秦岭以南地区即陕南属于亚热带气候）；在地形上，以高原和盆地为主包括黄土高原、青藏高原、塔里木盆地、准噶尔盆地、柴达木盆地、关中盆地（渭河平原）和秦巴山地等。西北地区耕地资源和矿产资源十分丰富：其中耕地 1853 万 hm²（2.78 亿亩），人均耕地 0.21hm²（3.09 亩），高于全国人均一倍；草地 6544 万 hm²（9.82 亿亩），人均 0.73hm²（10.91 亩）；林地 1413 万 hm²（2.12 亿亩）；在矿产资源方面，其富含石油、煤炭、天然气、镍、铂、钾盐等矿产资源，著名的有克拉玛依油田、榆林煤矿等。其中，煤炭保有储量达 3009 亿 t，占全国总量的 30% 左右；石油储量为 5.1 亿 t，占全中国陆上总储油量的近 23%；天然气储量为 4354 亿 m³，占全国陆上总储气量的 58%；甘肃省的镍储量占到全国总镍储量的 62%、铂储量占全国总量的 57%；中国钾盐储量的 97% 集中在青海省。地区国境线漫长，与俄罗斯、蒙古国、哈萨克斯坦等国相邻，属于典型的内陆地区。本区面积广大，约占全国面积的 30%，人口约占全国的 4%，是地广人稀的地区。西北地区是中国少数

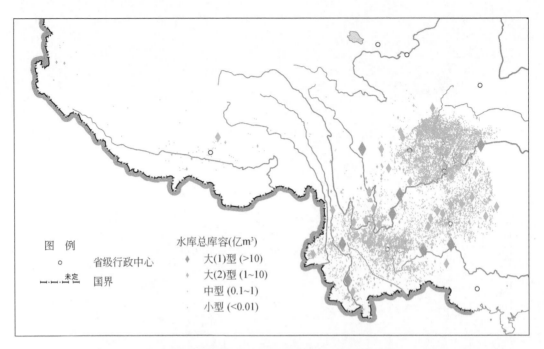

图 5-32　西南地区大中型水库大坝空间分布图

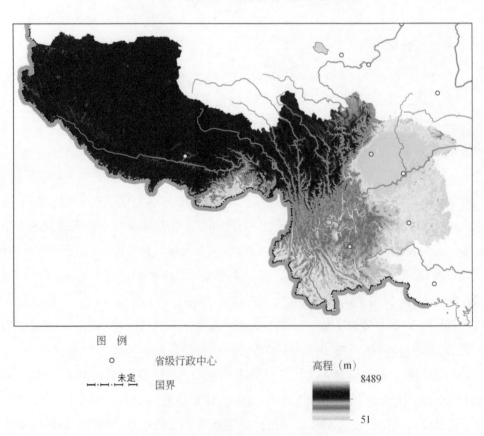

图 5-33　西南地区 DEM 空间分布

民族聚居地区之一，少数民族人口约占总人口的1/3，主要有蒙古族、回族、维吾尔族、哈萨克族等。总的来说，西北地区深居中国西北部内陆，具有面积广大、干旱缺水、荒漠广布、风沙较多、生态脆弱、人口稀少、资源丰富、开发难度较大、国际边境线漫长、利于边境贸易等特点，对我国具有重要的战略意义。

　　总的来看，西北地区生态文明模式的应用较为全面。从模式数目上分析，突出的生态文明模式占全国的11.0%；从模式类型上分析，覆盖全部二级生态文明模式；从空间格局分布上分析，其结果参见图5-34。其中，西北地区生态文明模式存在显著的空间聚集区（西安至兰州带、银川聚集区、乌鲁木齐聚集区和昆仑山北麓），并形成了不同的突出特色。

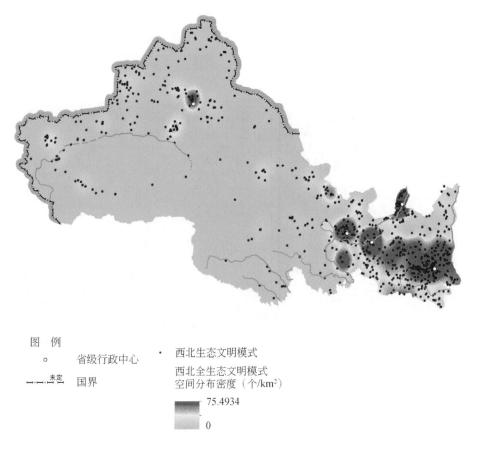

图 5-34　西北地区生态文明模式空间分布密度图

　　西北地区典型生态文明模式以生态系统保育与生态补偿、水土流失治理、自然公园、荒漠化治理、互联网农产品销售、林草畜、清洁生产、生态旅游等模式为主，具体参见表5-5，其空间分布参见图5-35。

表 5-5　西北地区典型生态文明模式简要信息表

区域	序号	典型生态文明模式名称	代表区域示例	所属一级生态文明模式类目
西北地区	1	生态系统保育与生态补偿模式	张掖市肃南县	自然保护与生态环境修复治理模式
	2	水土流失治理模式	甘肃省平凉市庄浪县	
	3	自然公园模式	新疆哈密天山国家森林公园	
	4	荒漠化治理模式	古浪八步沙林场	
	5	互联网农产品销售模式	互联网+洛川苹果、"陇南模式"	生态农林牧业发展模式
	6	林草畜模式	乌鲁木齐农牧区	
	7	清洁生产模式	国家能源集团宁夏煤业有限责任公司石槽村煤矿	
	8	生态旅游模式	宁夏灵武白芨滩国家沙漠公园	新型城镇与绿色工业发展模式

图 例

○　　省级行政中心

⊢·⊣·⊣ 未定　国界

● 互联网农产品销售模式
● 林草畜模式
● 水土流失治理模式
● 清洁生产模式
● 生态旅游模式
● 生态系统保育与生态补偿模式
● 自然公园模式
● 荒漠化治理模式

图 5-35　西北地区生态文明模式空间分布图

其中，生态系统保育与生态补偿模式的孕育条件，除丰富且脆弱的生态环境外，离不开政府的一列工程和制度的实施。这些生态系统保育与生态补偿模式的形成是国家统筹指导与当地政府和人民相互配合的共同协作成果。概括起来讲，我国西北地区生态系统保育与生态补偿模式的孕育条件包括四个方面：第一，丰富而脆弱的生态环境。西北地区拥有丰富多样的生态环境，包括高山、沙漠、草原、湖泊等，这些生态系统对全球生态平衡和生态安全具有重要意义。然而，由于气候干旱、土壤侵蚀等因素，这些生态系统也相对脆弱，容易受到破坏。第二，政府政策和制度支持。党和政府一直强调生态文明建设，通过出台政策法规、设立生态保护红线、实施生态补偿机制等方式，为生态系统的保育和恢复提供了政策和法律支持。政府的政策支持在孕育这种模式方面起到了关键作用。第三，水资源管理的挑战。西北地区面临严重的水资源问题，包括水稀缺、干旱、水污染等。这促使政府和社会开始重视生态系统的保育，因为生态系统的恢复和维护对水资源管理至关重要。第四，社会需求和意识。社会对生态环境的保护意识逐渐提高，人们更加关注生态系统的价值和重要性。社会舆论的支持和民间环保组织的参与也有助于推动生态系统保育与生态补偿模式的发展。

张掖市肃南裕固族自治县（肃南县）是一个典型的生态系统保育与生态补偿模式案例。该地区面临水资源稀缺和草原退化等生态问题。政府在肃南县实施了一系列生态保护和生态补偿措施，包括恢复退化的草原、植树造林、水资源管理等。同时，肃南县也通过实施草原生态补偿政策，向畜牧民提供经济激励，鼓励他们参与草原生态恢复和保护。这种模式旨在通过政府政策和市场机制的结合，实现生态系统的保育和生态补偿，促进了生态平衡的维护。

西北地区水土流失治理模式的孕育条件主要包括四个方面：第一，严峻的水土流失自然环境条件。西北地区地势多为高山和丘陵，土壤脆弱，降水分布不均匀，容易发生水土流失。这些自然环境条件使得治理水土流失问题成为当地生态保护的迫切需求。第二，实施推进生态保护工程。政府采取了一系列生态保护工程，如退耕还林还草工程、植树造林工程等，以治理水土流失问题。这些工程在大规模治理水土流失的同时也有助于改善生态环境。第三，结合当地实际情况，以小流域为单元综合治理。小流域综合治理是一种有效的方式，因为它能够根据当地的地理、气候和生态条件，有针对性地制定治理方案。这种以小流域为单元的治理有助于最大程度地减少水土流失，并保护当地生态系统。第四，生态经济可持续发展。通过综合治理水土流失，可以改善土地质量，提高农田产出，促进农村经济可持续发展。结合农林业项目，如水土保持和农业生态旅游等，有助于实现生态经济的可持续发展，提高当地居民的生计水平。甘肃省平凉市庄浪县是一个典型的案例，该地区地势多为丘陵和山地，水土流失问题严重。庄浪县政府认真贯彻落实"绿水青山就是金山银山"的生态发展思想理念，坚定不移走生态优先、绿色发展之路，以建设"绿色庄浪、生态庄浪"为目标，牢固树立"大水保"理念，采取了一系列措施，包括实施小流域综合治理、大规模植树造林工程、开展水土保持农业等，以治理水土流失问题。这些措施不仅有助于改善土地质量和保护生态环境，还推动了农村经济的可持续发展，提高了当地居民的生活水平。

　　林草畜生态文明模式的孕育条件主要来自于以下三个方面：第一，禁牧、荒山绿化、退牧还草等生态工程的实施。西北地区草地生态脆弱，长期过度放牧导致草地退化，水土流失等问题严重。为了治理这些问题，政府实施了一系列生态工程，如禁牧政策、荒山绿化和退牧还草等措施，以促进草地恢复，维护生态平衡。第二，当地特有优质地理产品的发掘。西北地区有着独特的地理环境和气候条件，适合发展畜牧业和林业。发现当地特有的高山牧场、天然草场等资源，使得政府和农民意识到可通过科学管理和可持续利用，发展畜牧业，提高产品质量，同时保护生态环境。第三，政府的组织、培训与扶持。政府在推动"林草畜"生态文明模式的发展中发挥了关键作用，组织了相关的培训和技术支持，向农牧民传授科学养殖、草地管理等方面的知识，提高其生产技能。此外，政府还提供财政支持、政策激励，鼓励农牧民积极参与"林草畜"模式的实践。其中，乌鲁木齐农牧区是一个典型的案例。该地区通过实施禁牧政策、推动荒山绿化、引导农牧民参与草地恢复工程等措施，有效治理了过度放牧导致的生态问题。同时，政府通过组织培训，提供技术支持，帮助农牧民更好地管理畜牧业和草地资源。这一模式旨在通过合理的资源利用，实现畜牧业和生态环境的双赢。

　　生态旅游模式在西北地区的孕育条件有以下四个方面：第一，丰富的自然资源。西北地区拥有多样化的原真性自然景观，包括丰富的沙漠、高山、湖泊等，以及区域特色的植被景观，如草地、林地等（图5-36）。这些自然资源为生态旅游提供了得天独厚的条件。特别是在西北地区，它的独特自然景观吸引了游客，为发展生态旅游提供了先天优势。第二，生态保护与旅游开发的结合。西北地区在生态保护方面取得了一些成就，将生态保护与旅游开发结合起来，既能吸引游客，又能保护当地的自然环境。这种结合的方式使得旅游资源的开发与生态保护相辅相成，实现了可持续发展。第三，政府支持和政策导向。党和政府在推动生态旅游方面发挥了积极作用，通过出台相关政策和提供支持，鼓励企业和地方发展生态旅游。政府的支持为生态旅游提供了政策保障和资金支持。第四，社会需求的崛起。随着人们对自然环境保护和健康生活方式的关注增加，对于远离城市喧嚣，亲近自然的旅游需求逐渐崛起。西北地区的生态旅游模式正好迎合了这一社会需求，吸引了更多的游客。其中，宁夏灵武白芨滩国家沙漠公园是西北地区生态旅游的代表性案例。该沙漠公园通过生态修复、植被恢复和环境改善等措施，将沙漠地区打造成一个集合沙漠生态、沙漠文化、沙漠科考等多种元素的生态旅游胜地。这一案例充分体现了在生态保护的基础上，通过旅游开发实现资源的可持续利用。

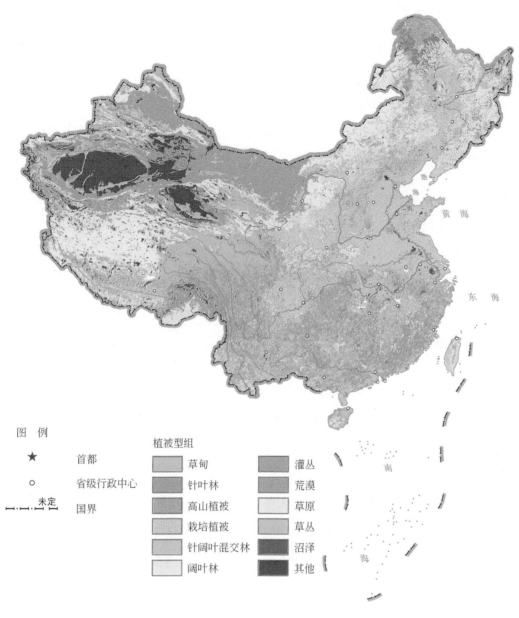

図　例

★　　首都

○　　省级行政中心

├·│·┤ 未定　国界

植被型组

草甸　　　　灌丛

针叶林　　　荒漠

高山植被　　草原

栽培植被　　草丛

针阔叶混交林　沼泽

阔叶林　　　其他

图 5-36　中国植被资源分布图

5.3.6　华南典型生态文明模式

　　华南地区位于中国南部，是中国七大地理分区之一，包括广东省、广西壮族自治区、海南省、香港特别行政区、澳门特别行政区。地表侵蚀切割强烈，丘陵广布。在长期高温多雨的气候条件下，丘陵台地上发育有深厚的红色风化壳。在迅速的生物积累过程的同时，还进行着强烈的脱硅富铝化过程，成为我国砖红壤、赤红壤集中分布区域。区内拥有广阔的热带海洋，珊瑚岛景观独具一格。全区自然面貌的热带-南亚热带特征突出，这与华中地区的亚热带景色有明显的区别。充分利用丰富的热量和水分资源，发展热带作物，合理利用和保护热带性植物和动物资源，开发热带海洋资源等，是华南地区自然资源开发利用的突出问题。华南地区的文化称为岭南文化，涵盖学术、文学、绘画、书法、音乐、戏曲、工艺、建筑、园林、民俗、宗教、饮食、语言、侨乡文化等众多内容。从地域上，岭南文化又分为广东文化、桂系文化和海南文化三大块，尤其以属于广东文化的广府文化、广东客家文化和潮汕文化为主，构成了汉族岭南文化的主体。此外，虽然在很多时候，福建省、台湾省名义上被列入华东地区，但闽台两省在文化上、风俗上、血缘和人员移动等方面，多属于华南板块，尤其是福建省闽中南地区的地方文化，跟广东省西江流域（广州、肇庆）、东江流域（惠州、梅州）、东翼沿海（闽南）的地方文化，有着共同历史渊源。

总的来看，华南地区生态文明模式的应用较为全面。从模式数目上分析，突出的生态文明模式占全国的8.9%；从模式类型上分析，覆盖全部二级生态文明模式；从空间格局分布上分析，其结果参见图5-37。其中，华南地区生态文明模式存在显著空间聚集区（粤港澳湾区、海口周边、南宁-玉林-梧州一带和桂林地区），并形成了不同的突出特色。

华南地区典型生态文明模式以国家公园、生态系统保育与生态补偿、多元立体循环种养、互联网农产品销售、低碳生活模式等模式为主，具体参见表5-6，其空间分布参见图5-38。

表5-6　华南地区典型生态文明模式简要信息表

区域	序号	典型生态文明模式名称	代表区域示例	所属一级生态文明模式类目
华南地区	1	国家公园模式	海南热带雨林国家公园	自然保护与生态环境修复治理模式
	2	生态系统保育与生态补偿模式	五指山市生态补偿；广东湛江红树林造林项目	
	3	多元立体循环种养模式	广东番禺"136"多元立体养殖	生态农林牧业发展模式
	4	互联网农产品销售模式	深圳"圳扶贫"电子商城	
	5	低碳生活模式	梅州市雁洋镇	新型城镇与绿色工业发展模式

其中，国家公园模式的孕育条件主要有以下四个方面：第一，丰富的生物多样性和自然景观。华南地区拥有丰富的生物多样性和独特的自然景观，如热带雨林、湿地、高山、溪流等。这些自然景观具有极高的生态价值和代表性，为国家公园的建设提供了得天独厚的条件。海南热带雨林国家公园作为代表案例，以其独特的热带雨林生态系统成为国家公园模式的有力支撑。第二，生态旅游和文化产业的发展。国家公园模式将生态保护与旅游业发展有机结合，通过规划生态旅游和文化产业，吸引游客，推

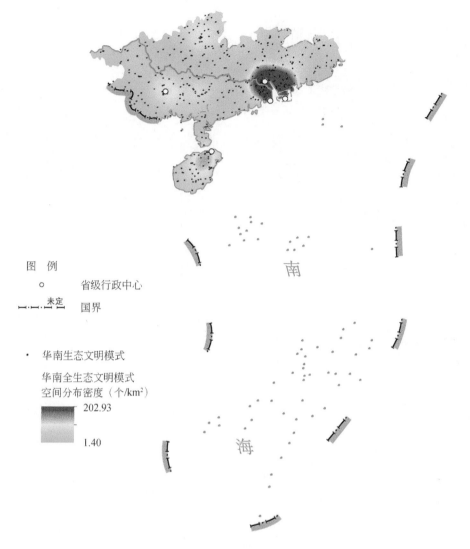

图 例

○　　省级行政中心

├──·──┤ 国界
　未定

·　　华南生态文明模式

华南全生态文明模式
空间分布密度（个/km²）

202.93

1.40

图 5-37　华南地区生态文明模式空间分布核密度图

动地方经济发展。将代表性区域打造成旅游品牌，如以海南热带雨林为基础，发展生态旅游、文化创意产业，为当地经济注入新的动力。第三，政府政策和支持。党和政府在生态文明建设方面采取了积极的政策措施，提出国家公园体制试点，支持并推动生态保护、可持续发展和旅游业的融合。政府的政策引导为国家公园模式的实施提供了法律和政策保障。第四，社会意识的提升。随着社会对环境保护和可持续发展意识的提升，对自然保护区的需求也不断增加。国家公园的建设符合社会对自然生态保护的期望，得到了公众的支持。

　　例如，海南热带雨林国家公园是华南地区的代表性案例。该国家公园围绕热带雨林这一独特的生态景观，发展了生态旅游、文化创意产业等，形成了一系列以保护生态环境为基础的可持续发展计划。这一案例充分体现了国家公园模式的实施，将自然

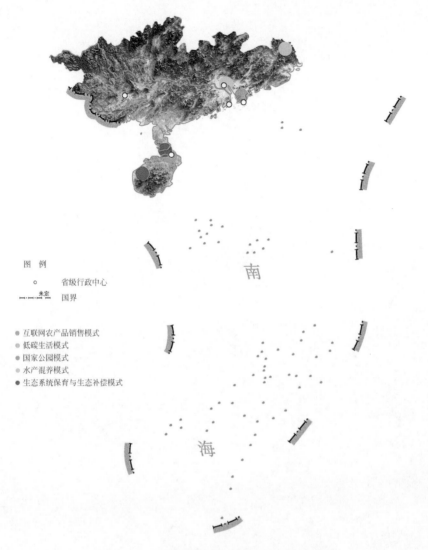

图 例

o 省级行政中心

—··—··— 未定 国界

● 互联网农产品销售模式
● 低碳生活模式
● 国家公园模式
● 水产混养模式
● 生态系统保育与生态补偿模式

图 5-38 华南地区生态文明模式空间分布图

保护区的价值最大化，既保护了自然生态，又促进了当地经济的可持续发展。

生态系统保育与生态补偿模式的孕育条件主要有以下四个方面：第一，丰富的生态资源和生物多样性。华南地区拥有丰富的自然生态资源，包括丰富的植被、水域和独特的生态景观，如红树林等。这为生态系统保育与生态补偿提供了丰富的发展基础，也为生态系统服务的提供创造了良好的条件。第二，科技支撑和生态效益测算。利用科技手段，如遥感技术、地理信息系统等，进行生态效益的测算和监测，可以更精确地评估生态系统的健康状况和提供的服务。这为生态系统保育和生态补偿提供了科学的支撑，有助于制订科学合理的补偿方案。第三，庞大的资金体量和预算补偿机制。为了实现生态系统的保育和生态补偿，需要大量的资金投入。这既包括政府出资，也包括市场支付。建立长效的预算补偿机制，确保生态系统服务的提供者能够获得合理

美丽中国生态文明模式调查、分析与应用

的经济回报，是模式成功实施的基础。第四，政府政策和法规的支持。党和政府出台相关的政策和法规，明确生态系统保育和生态补偿的方向和原则，为该模式的实施提供法律和政策保障。政府的支持是生态系统保育与生态补偿能够顺利推进的关键因素之一。

例如，五指山市生态补偿项目和广东湛江红树林造林项目是华南地区生态系统保育与生态补偿模式的代表性案例。五指山市位于中国海南省，通过建立生态补偿机制，对农民、畜牧民等提供生态补偿，以鼓励他们积极参与生态环境的保护和恢复，例如通过禁牧等方式。广东湛江红树林造林项目以湛江市的红树林资源为基础，通过生态补偿机制，引导企业和社会组织参与红树林的造林和保育工作，实现了生态系统服务的提供者和受益者之间的良性循环。

华南地区多元立体循环种养模式的孕育条件主要有以下三个方面：第一，科技驱动和技术研发。多元立体循环种养需要多种专项技术的研发与实践，离不开科技发展的持续更新。在生态文明模式中，科技的进步推动了种养业的发展，包括水产养殖、畜牧业等。通过技术创新，可以实现资源的高效利用、环境的友好养殖、养殖效益的提升等目标。第二，产业环境需求旺盛。养殖是当地常态化的生产方式，尤其在华南地区的沿海地区，水产养殖是一项重要的经济活动。由于市场存在巨大的需求，一旦存在技术创新和效率提升，迅速得到推广和普及。多元立体循环种养模式在提高产量的同时，更注重环境友好和资源的可持续利用，符合当地产业和市场的需求。第三，可持续发展理念的崛起。随着人们对环境保护和可持续发展的关注增加，多元立体循环种养模式强调资源的高效利用和循环利用，减少对环境的负面影响。这与当地社会对绿色、可持续的发展理念的崛起相契合，推动了这种模式的孕育与发展。

具体来看，广东番禺的"136"多元立体养殖就是一个典型多元立体循环种养模式案例。该模式结合了水产养殖、畜牧业和植物种植，实现了多元立体循环种养。通过科技手段，合理配置资源，减少养殖对环境的冲击，提高养殖效益。这一案例在提高产量的同时，实现了生态效益和经济效益的双赢。

华南地区互联网农产品销售模式的孕育条件主要有以下四个方面：第一，科技驱动与大湾区科技中心。华南地区依托大湾区的科技中心，吸引了大量的互联网人才聚集。这一区域的科技发展水平较高，推动了互联网农产品销售模式的创新和发展。科技的应用，如电商平台、物联网技术、大数据分析等，使得农产品销售更加高效、智能化。第二，交通区位优势。华南地区具有显著的交通区位优势，包括便捷的陆路、水路和航空交通。这为互联网农产品销售提供了便捷的整合、集成、分发的优势集散地。高效的物流体系和交通网络有助于保障农产品的快速运输和配送。第三，整合与集成平台支付。华南地区的互联网农产品销售模式与其他地区的本质区别在于不生产而是以整合、集成为主导。这种模式通过整合产业链上下游，将农产品生产者、销售者和消费者连接起来，形成一个互联网农产品销售的生态系统。第四，市场需求和消费升级。随着人们对食品安全和健康的关注增加，互联网农产品销售模式迎合了市场对高品质、绿色、有机农产品的需求。这也与消费者日益提升的生活品质和消费观念密切相关。

例如，深圳"圳扶贫"电子商城是一个典型华南地区互联网农产品销售模式案例，该平台以整合和集成为核心，通过电商模式将农产品从产地直接销售到消费者，实现了农村产业的融合发展，同时推动了贫困地区的扶贫工作。这种模式符合当地科技、产业和交通的优势，将互联网技术与农业产业有效结合，促进了农产品的销售和农村经济的发展。

华南地区低碳生活模式的孕育条件主要有以下三个方面：第一，文化传承与保护。在孕育低碳生活模式时，文化传承与保护发挥了关键作用。各地注重文化的传承，完整保留了多项当地具有代表性的文化风俗与习惯。通过对传统文化的保护，可以激发当地居民对环保、低碳生活的认同感，促使他们更加积极地参与低碳生活的实践。第二，文化与现代的融合。许多地区并没有刻意舍弃传统文化，而是逐步将文化融入到现代人民的生活中。这种文化与现代的融合使得低碳生活模式更具吸引力，给快节奏的人群一种特有的城镇气息。通过传统文化元素的融入，推动低碳理念更好地融入当地居民的日常生活。第三，基础设施建设。党和政府对区域进行基础设施的投入是推动低碳生活模式发展的关键因素之一。良好的基础设施不仅方便人们的生活，也有助于促进低碳出行和资源利用的高效性。例如，建设便捷的公共交通系统、鼓励使用新能源交通工具等都是基础设施建设的一部分。

例如，梅州市雁洋镇作为华南地区低碳生活模式代表性案例，通过坚持文化传承、文化与现代的融合、基础设施建设以及政府的支持与政策引导，形成了具有独特地方特色的低碳生活模式。这一模式兼顾了环保与文化传统，为居民提供了宜居的生活环境，使得低碳生活理念深入人心，成为可持续发展的典范。

5.3.7　华中典型生态文明模式

华中地区（包括河南省、湖北省和湖南省），是中国七大自然地理分区之一，历史文化厚重，资源丰富，水陆交通便利，是全国工业农业的心脏和交通中心之一，对我国具有重要的战略意义。华中地区位于中国中部、黄河中下游和长江中游地区，涵盖海河、黄河、淮河、长江四大水系，地处华北、华东、华南、西南、西北等地区之间，众多国家交通干线通达全国，具有全国东西、南北四境的战略要冲和水陆交通枢纽的优势，起着承东启西、连南望北的作用。在地形方面，华中地区地形以平原、丘陵、盆地和河湖为主，主要山峰有嵩山、武当山、衡山等；在气候方面，河南省属于温带季风气候和亚热带季风气候，湖北省、湖南省属于亚热带季风气候。本区气候类型以秦岭—淮河为分界线,淮河以北为温带季风气候,以南为亚热带季风气候,雨量集中于夏季,冬季北部常有大雪,通常集中在河南省境内。华中地区生物资源具有种类繁多,资源丰富,数量庞大等特点。华中地区矿产资源具有储量丰富,种类多样,可开采量大等特点。

华中地区生态文明模式的应用较为全面。从模式数目上分析,突出的生态文明模式占全国的11.7%;从模式类型上分析,覆盖全部二级生态文明模式;从空间格局分布上分析,其结果参见图5-39。其中,华中地区生态文明模式存在显著的空间聚集区(武汉-长沙-荆州三角区和郑州-濮阳聚集区),并形成了不同的突出特色。例如,以洞庭湖、张家界等为首形成的以自然保护区为核心的生态文明模式聚集。

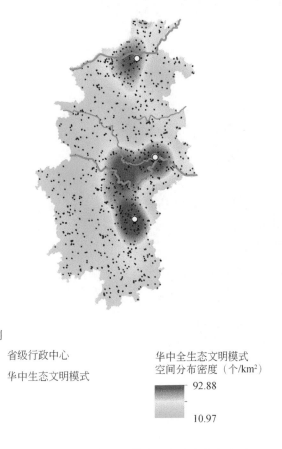

图 例

○ 省级行政中心

· 华中生态文明模式

华中全生态文明模式
空间分布密度（个/km²）

92.88

10.97

图 5-39 华中地区生态文明模式空间分布核密度图

华中地区典型生态文明模式以自然公园、水土流失治理、种养循环生态文明、稻鱼类生态文明、绿色能源发展模式等模式为主,具体参见表 5-7,其空间分布密度参见图 5-40。

其中,自然公园生态文明模式的孕育主要依赖于原真地理特征区的分布,即保持原真特性、保存较为完整的区域地理特征。原真地理特征区变化较少的区域与自然公

表 5-7 华中地区典型生态文明模式简要信息表

区域	序号	典型生态文明模式名称	代表区域示例	所属一级生态文明模式类目
华中地区	1	自然公园模式	桃源沅水湿地公园、涟源湄峰湖湿地公园	自然保护与生态环境修复治理模式
	2	水土流失治理模式	河南省济源市综合治理工程	
	3	种养循环生态文明模式	湖北襄阳保康县官山茶园模式	生态农林牧业发展模式
	4	稻鱼类生态文明模式	湖南衡阳市"双季稻+虾"、湖南辰溪县"稻田养鱼"	
	5	绿色能源发展模式	湖南花垣县绿色能源体系构建	新型城镇与绿色工业发展模式

图 例

  ∘   省级行政中心

  ●   水土流失治理模式

  ●   种养循环模式

  ●   稻鱼类模式

  ●   绿色能源模式

  ●   自然公园模式

图 5-40 华中地区生态文明模式空间分布图

园设置区域基本一致。这样的条件孕育了张家界等为代表的全国知名旅游地。仍然值得注意的是，并非全部原真地理特征区都设置有自然公园，许多自然公园的设置仍然考虑了人类活动的可达性，设置在距离核心城市周边的一些区域，例如长沙、岳阳、武汉、襄阳等城市附近的自然公园，但其前提仍然是需要具备良好的地理特征原真度。因此，华中地区自然公园生态文明模式的孕育条件主要包括两方面：原真度较高的地理特征区和人类活动的可达性。

    华中地区水土流失治理模式的孕育条件主要包括三个方面：第一，严峻的水土流失自然环境条件。华中地区的一些地方存在较为严峻的水土流失问题，主要受到气候、

美丽中国生态文明模式调查、分析与应用

地形等自然因素的影响。这种自然环境条件的严峻性是推动水土流失治理模式孕育的重要原因之一。第二，退耕还林还草工程的实施与推进。为应对水土流失，政府采取了一系列退耕还林还草的工程措施。通过减少农田面积、进行生态恢复，有助于减缓水土流失，提高土地的保持能力。这样的工程实施与推进是水土流失治理模式形成的基础。第三，当地优势退耕还林还草经济作物或树种的培育。在退耕还林还草的过程中，当地通常会培育适应当地生态环境的经济作物或树种。这既可以实现生态效益，又有助于农民的经济收入。例如，选择适宜的树种进行植被恢复，不仅有助于水土保持，还可以提供可持续的经济效益。其中，河南省济源市综合治理工程是该地区水土流失治理的代表案例。该工程涵盖了退耕还林还草等一系列措施，通过生态修复、水土保持工程，有效减缓了水土流失的趋势。这个案例充分体现了在严峻的自然环境条件下，通过综合治理工程推动水土流失治理的模式。

稻鱼类生态文明模式在华中地区的广泛应用，使得华中地区尤其是湖南和湖北成为了水稻优势区，并使得水稻单产名列前茅。孕育这种生态文明模式的条件在于以下三个方面。第一，自然本底条件适宜。华中地区，特别是湖南湖北，拥有适合水稻种植的水资源、气候和土壤环境条件，参见图 5-41 和图 5-42。这些自然本底条件促使稻田养鱼自发形成，可追溯至 2000 多年前。第二，生产转型造就规模与生产水平全面提升。进入 20 世纪 80 年代，稻田渔业逐步恢复，在华中地区实现了地形地貌、产业规模和种植区域的三大转型。第三，理论与技术推动。中国科学院水生生物研究所提出了"稻田养鱼鱼养稻"的"稻鱼共生理论"，不仅增产水产品，而且抑制稻田杂草、害虫，并改土增肥，促进水稻增产。为解决农药、化肥使用中的稻渔矛盾，田间工程开展应用并逐步成为稻田渔业基本设施，研究了田间沟、坑（凼）等工程标准和"垄稻沟鱼"技术。

华中地区绿色能源发展模式的主要孕育条件是丰富的水能资源，其密集的河网与对应的绿色能源发展模式空间分布参照图 5-43。但是，充足的水能资源并非绿色能源发展模式的唯一条件，其通常建设有成套的绿色能源体系。例如，湖南省花垣县，形成了水能发电、沼气集中供气/并网发电、生物质集中供气/发电、生物质成型燃料等共同构成的农村能源服务体系。这种多种绿色能源共同形成的能源发展模式才是地区稳定、常态、可持续的发展模式。因此，华中地区绿色能源发展模式的孕育条件，一方面来自区域内充足的河流水系网支撑；另一方面是来自多样化绿色能源网络体系的构建。

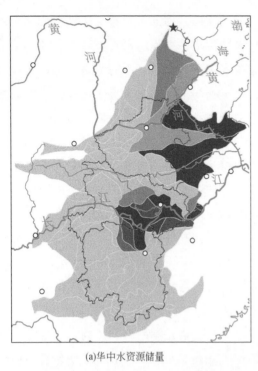
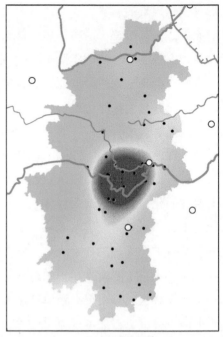

(a)华中水资源储量

(b)华中稻鱼类模式分布

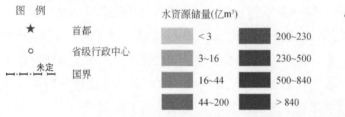

图 例

★　首都

○　省级行政中心

I·I·I·I　国界
　　未定

水资源储量(亿m³)

< 3　　　　　200~230

3~16　　　230~500

16~44　　　500~840

44~200　　　> 840

●　华中稻鱼类模式

华中稻鱼类模式
分布密度（个/km²）

13.73

0

图 5-41 华中地区水资源分布与稻鱼模式分布对比

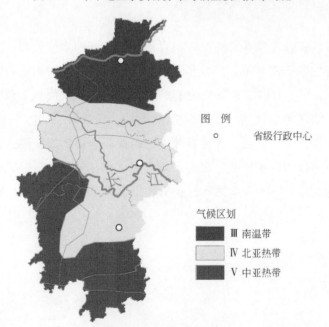

图 例

○　省级行政中心

气候区划

Ⅲ 南温带

Ⅳ 北亚热带

Ⅴ 中亚热带

图 5-42 华中地区气候情况

美丽中国生态文明模式调查、分析与应用

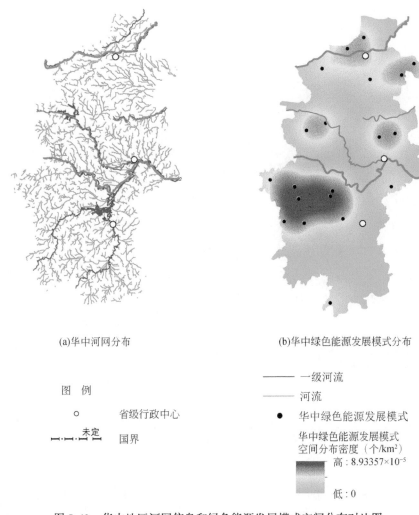

(a)华中河网分布　　　　　　　　　　(b)华中绿色能源发展模式分布

图　例

○　　　　　省级行政中心

├·├·├·┤ 未定　　国界

——— 一级河流

——— 河流

●　　华中绿色能源发展模式

华中绿色能源发展模式
空间分布密度（个/km²）

高：8.93357×10⁻⁵

低：0

图 5-43　华中地区河网信息和绿色能源发展模式空间分布对比图

5.4 小 结

　　本章针对美丽中国生态文明模式空间格局不明确问题，从空间分析视角出发，围绕中国生态文明模式格局分析讨论。首先，在中国生态文明模式数据库基础上，揭示了中国生态文明模式总体空间格局，并展示了在资源丰富程度、经济发达程度、环境友好程度和社会发展程度方面的格局。其次，按照美丽中国生态文明模式分类体系，分别阐述了三个一级分类体系包括自然保护与生态环境修复治理模式、生态农林牧业发展模式和新型城镇与绿色工业发展模式的空间格局，进一步绘制了二级分类体系下不同类型生态文明模式在我国的空间分布。最后，按照中国地理分区，逐个剖析了区域内典型生态文明模式及其孕育条件及原因。通过上述美丽中国生态文明模式空间格局分析，有望能够进一步通过空间维度更加深刻地了解美丽中国生态文明模式发展现状。

第 6 章

生态文明模式推荐与应用实践

生态文明模式推荐既是美丽中国生态文明模式的应用出口，也是指导和响应政府区域发展决策的重要依据。然而，当前生态文明模式推荐主要依靠专家评审遴选，无法做到机器自动推荐，更无法充分顾及生态文明模式所在的地理环境要素及其影响程度。因此，科学、精准、自动化的生态文明模式推荐是生态文明模式应用的难点。针对此问题，本章利用计算机技术，围绕生态文明模式推荐目标，重点突破地理数据增强、地理语义增强、推荐模型重构等技术难点，提出生态文明模式推荐方法，并在福建省开展针对性推荐与应用示范。

6.1　生态文明模式推荐方法

本节从计算机科学视角出发，围绕生态文明模式推荐目标与原则，分别在地理数据增强、地理语义增强、推荐模型重构等方面进行突破，分别对应解决生态文明模式推荐中地理数据稀疏、模式推荐"冷启动"和地理环境忽视等一系列问题。

6.1.1　生态文明模式推荐目标与原则

生态文明模式推荐是生态文明建设的加速器，其核心目的是指导区域以适合方式统筹发挥资源、环境、文化等各类生产力要素，进而有效推进生态文明建设进程。因此，生态文明模式推荐，需要具体针对目标区域，选取符合其资源、环境、经济、文化、社会等特征及条件的生态文明模式。

其中，需要重点关注目标区域的适宜条件。不同区域存在不同的原真地理特征与其他约束性的条件，只有在充分考虑目标区域本底条件的基础上，才能够实现生态文明模式的推荐。由此看来，生态文明模式推荐当充分考虑区域本底规律，遵循以下生态文明模式推荐原则。

第一，科学性原则。须在决策科学理论指导下，遵循事物发展客观规律。

第二，实用性原则。须明确区域产业发展方向，切实给出可供参考模式。

第三，制约性原则。须充分考虑区域制约要素，符合区域自身地理特点。

第四，适合性原则。须结合模式孕育环境规律，遴选具有代表性的案例。

6.1.2 基于地理数据增强的生态文明模式推荐方法

数据稀疏是生态文明模式推荐应用面临的首要挑战，特别是在地理领域中，生态文明模式的数量相较于需要大规模训练的通用商品推荐而言十分稀少，如何能有效地补充生态文明模式训练数据，是有效提升并实现生态文明模式精准推荐所面临的关键问题。

针对生态文明模式数据稀疏的问题，本书提出了一种地理数据增强方法，其核心思想是利用地理学第三定律原理，根据已有生态文明模式样本的空间位置生成样本点，并利用生成对抗网络模型，通过训练其符合真实样本分布的方式，模拟出生态文明模式样本的各类属性信息。最终，通过这种地理数据增强方式，实现生态文明模式推荐性能的提升。

(1) 方法实现

在基于地理学第三定律与生成对抗网络的地理数据增强方法中，地理数据的生成主要包括两个方面——样本点的生成和样本属性数据的生成。

第一，样本点的生成。

在原生态文明模式数据集中，样本点的地理空间位置（即经纬度）及其标签都是已知的，针对其中的每一个样本点，我们以该点为中心，以某一定长为半径划定一个范围。在此范围内，检索出一定数量的邻近的样本点作为新样本点。

由地理学第三定律可知，地理环境越相似，地理特征越相近。由于这些生成的新样本点与原样本点在空间位置上相近，那么可以假设这些样本点的地理环境相似。因此我们可以根据中心点的分类标签，为这些新样本点赋予相同的标签。从本质上讲，这种方法是一个推理的过程，利用地理学第三定律对样本点周边的邻近点进行分类，其原理参见图 6-1。

第二，样本属性数据的生成。

样本属性数据的生成基于 S-GAN 方法，在数据集经过预处理后，以其中的每一个标签下的各属性数据作为 S-GAN 网络的真实数据，生成新数据。由地理学第三定律可知，"地理环境越相似，地理特征越相近"。因此，在某一标签下，各属性的数据满足某一分布，其生成的数据也应当满足这个分布。而 S-GAN 通过学习、模仿真实数据的分布，其生成的新数据同样满足这个分布，所以这些数据和原数据一并可以作为该标签下的样本属性数据。

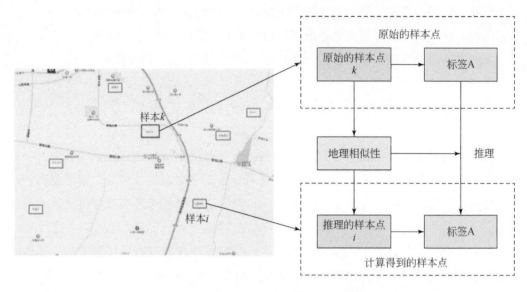

图 6-1　基于地理学第三定律的样本点生成的原理

　　其中，S-GAN 模型是整个基于生成式对抗网络的地理数据增强方法的核心部分，其主要任务是捕捉并学习样本属性数据的分布，并生成样本属性数据。与传统的生成式对抗网络类似，S-GAN 的模型同样包含生成模型和判别模型，其网络结构如图 6-2 所示。

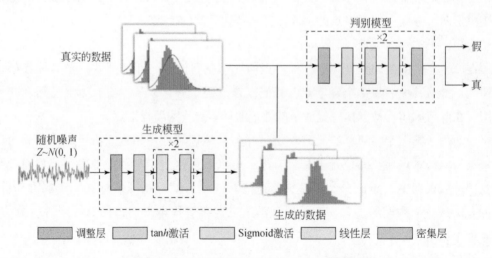

图 6-2　地理数据增强方法中 S-GAN 的网络结构

　　在生成模型部分，采用一个标准的前馈神经网络。该网络拥有两个隐藏层和三个线性映射，激活函数采用 $\tan h$。生成模型的输入是随机噪声，以某种方式来模仿原始数据集的分布。生成模型的损失函数 L_G 可以写成如下形式：

$$L_G = H(1, D(G(z))) \tag{6-1}$$

式中，G 代表生成模型，D 代表判别模型。$D(G(z))$ 表示 D 对 G 的生成数据的判断概率。H 表示交叉熵损失函数，$H(1, D(G(z)))$ 表示真实数据与 1 的距离。因此，如果生成模型想要取得良好的效果，那么判别器要尽可能地将生成的数据判定为真，即 $D(G(z))$ 与 1 的距离越小越好。

在判别模型部分，判别模型的结构和生成模型类似，同样拥有两个隐藏层和三个线性映射，激活函数采用 Sigmod。它从原数据集和生成模型生成的假数据集中取样，并输出一个 0 到 1 之间的数字，用来表示数据的真伪。如果输出结果为 1，则表示判别模型认定数据绝对真实，即该数据为真实样本中的数据；如果输出结果为 0，则表示判别模型认定数据绝对虚假，即该数据为生成样本中的数据。判别模型的损失函数可以写成如下形式：

$$L_D = H(1, D(x)) + H(0, D(G(z))) \tag{6-2}$$

式中，x 是真实数据，$H(1, D(x))$ 表示真实数据与 1 的距离，$H(0, D(G(z)))$ 表示生成数据与 0 的距离。因此，如果判别模型想要取得比较良好的效果，那么就要做到真实数据与 1 的距离和生成数据与 0 的距离都要越小越好。

与传统的 GAN 网络类似，S-GAN 的核心思想仍然是博弈论和对抗的思想，即让生成模型和判别模型互相竞争，使得两个模型同时得到增强，并最终让生成模型所生成的数据达到足以"以假乱真"的效果。因此，优化的目标函数如下：

$$\min_G \max_D V(D, G) = E_{x \sim p_{\text{data}}(x)}[\lg D(x)] + E_{z \sim p_z(z)}[\lg(1 - D(G(z)))] \tag{6-3}$$

式中，$p_z(z)$ 表示输入噪声的先验分布，用于学习生成模型 G 在训练数据 x 上的概率分布 p_g；$p_{\text{data}}(x)$ 表示真实数据的分布，即生成模型 G 需要学习的分布；$D(x)$ 表示数据 x 来自真实的数据分布 p_{data} 而非 p_g 的概率；$G(z)$ 是生成函数，表示将输入噪声 z 映射成数据。

(2) 效果验证

为验证基于地理学第三定律与生成对抗网络的地理数据增强方法的有效性，实验以乡村生态文明模式推荐测试，将增强前的乡村知识图谱数据集作为推荐系统的输入，得到在该数据集下推荐系统的实验数据，将使用 S-GAN 增强后的乡村知识图谱数据集作为推荐系统的输入，得到在该数据集下推荐系统的实验数据。研究分别使用了 RippleNet、KGCN 和 KGNN-LS，测试数据增强方法在不同推荐算法中的有效性。

增强前后的乡村知识图谱数据集在不同的推荐系统当中的实验结果如表 6-1 所示。推荐系统的相关评价指标表明：经过数据增强后，推荐系统的各项指标均有较为明显的提升。其中，RippleNet 的性能提升最高，其 AUC 和 ACC 分别提升了 45.84% 和 55.49%，F1 提升了 40.01%；在 KGCN 中，AUC 提升了 40.76%，ACC 提升了 25.12%，F1 提升了 19.53%；在 KGNN-LS 中，AUC 提升了 39.50%，ACC 提升了 27.14%，F1 提升了 29.24%。出现如此明显的性能提升主要是因为通过地理数据增强，数据集的规模得到了较大的提升，使得标签的特征更为明显从而使得乡村生态文明模式推荐系统更容易挖掘这些特征（表6-1）。

表 6-1　地理数据增强方法在不同推荐系统中的影响结果

推荐系统	评价指标	增强前	增强后
RippleNet	AUC	0.5933	0.8653
	ACC	0.5806	0.9028
	F1	0.6027	0.8439
KGCN	AUC	0.6237	0.8779
	ACC	0.6094	0.7625
	F1	0.6379	0.7895
KGNN-LS	AUC	0.6521	0.9097
	ACC	0.6250	0.7946
	F1	0.6333	0.8185

综上，基于地理学第三定律与生成对抗网络的地理数据增强方法，可以有效解决生态文明模式推荐中地理数据稀疏的问题。

6.1.3　基于邻域语义信息增强的生态文明模式推荐方法

模式推荐"冷启动"是生态文明模式推荐应用面临的另一大挑战，其具体指在推荐系统中无法计算没有关联关系区域/模式的相似度。在生态文明模式推荐中，不同区域特征及不同模式属性间关联关系极少，这种情况对于需要依赖相似度计算的推荐系统而言，难以进行初始迭代。如何能够有效建立模式及区域间的属性域上的关联关系（邻域语义信息），是促进生态文明模式推荐性能提升的关键所在。

针对生态文明模式推荐"冷启动"背后的邻域语义信息缺失问题，本书提出了一种邻域语义信息增强方法，其核心思想是构建领域知识图谱，利用知识图谱构建属性间的邻接矩阵，并通过图卷积神经网络的方式，嵌入到向量表示当中，通过增加邻域语义信息的方式实现信息增强，解决"冷启动"问题，推动生态文明模式推荐性能的提升。

（1）方法实现

以乡村生态文明模式推荐为例，给定生态文明模式和乡村的交互矩阵 Y 和知识图谱 G，目的是预测乡村 v 是否适合发展生态文明模式 p。因此，我们的目标是学习一个预测函数 $\hat{y}_{p,v}$，使得预测值与真实值的差最小。

$$\hat{y}_{p,v} = F(p, v | \Theta, Y) \tag{6-4}$$

式中，$\hat{y}_{p,v}$ 表示乡村 v 适合发展生态文明模式 p 的可能性；$y_{p,v}$ 表示乡村 v 适合发展生态

文明模式 p 的真实值；Θ 表示函数 F 的模型参数。

基于知识图谱的邻域语义信息增强方法及推荐框架（KGCN4CEPR）如图 6-3 所示，具体包含 4 个步骤。步骤 1，把原始异构的乡村知识图谱转换为带权重的乡村知识图谱，学习边的权值 $w_{r_i}^p$，得到一个邻接矩阵。步骤 2，使用图卷积神经网络（GCN），挖掘乡村在地理空间上邻近的特征，挖掘得到的地理空间邻近信息被嵌入到乡村实体 v 的邻域向量表示 $\tilde{v}$ 中，最终聚合成乡村实体向量 $\bar{v}$。步骤 3，根据式（6-4）得到的预测值 $\hat{y}_{p,v}$，计算与真实值 $y_{p,v}$ 的差值，来预测乡村 v 是否适合发展生态文明模式 p。步骤 4，使用梯度下降算法，将误差梯度反向向前传播，更新模型参数，重复多次训练，使得预测值与真实值的差最小。

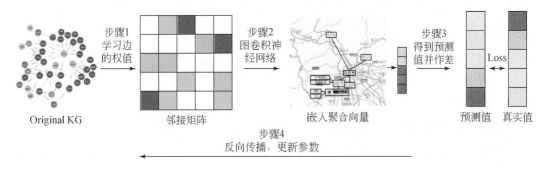

图 6-3　基于知识图谱的邻域语义信息增强方法及推荐框架

在步骤 1 中，乡村知识图谱边权重的计算，我们使用如下公式：

$$w_{r_i}^p = g(p, r_i) \tag{6-5}$$

式中，p 是生态文明模式向量，r_i 是第 i 个邻居的关系向量，函数 g：$\mathbb{R}^d \times \mathbb{R}^d \to \mathbb{R}$ 用来求向量 p 和向量 r_i 的内积。$w_{r_i}^p$ 即表示生态文明模式 p 对关系 r_i 的依赖程度。因为 $w_{r_i}^p$ 每一次的计算都考虑到了生态文明模式 p 的影响，经过 $w_{r_i}^p$ 的迭代计算，所以，相比于直接取关系向量 r_i，我们的计算结果更能体现出生态文明模式 p 的依赖程度。

接下来，按照公式（6-6），对 $w_{r_i}^p$ 进行，softmax 归一化操作。

$$\tilde{w}_{r_i}^p = \text{softmax}_j(w_{r_i}^p) = \frac{\exp(w_{r_i}^p)}{\sum\limits_{j \in N(v)} \exp(w_{r_i}^p)} \tag{6-6}$$

式中，$N(v)$ 表示与乡村实体 v 直接相连接的所有实体的集合，即乡村实体 v 的一阶邻居集合。

然后，为了计算步骤 2 中的预测值 $\hat{y}_{p,v}$，我们进行一次加权求和操作，对乡村实体 v 的邻域进行向量表示：

$$\bar{v} = \sum_{i \in S(v)} \tilde{w}_{r_i}^p e_i \tag{6-7}$$

式中，e_i 表示第 i 个邻居的特征向量，$S(v)$ 是与乡村实体相邻的实体集合。

考虑到村生态文明模式推荐的特殊性，地理空间邻近的乡村生态文明模式之间存在一定的相似性。根据地理学第一定律和地理学第三定律，距离越近，地物之间的相关性越大，因此，可以把乡村实体 v 的邻域范围限定在该乡村所处省份的中国地理区划之内。当乡村知识图谱中出现某一个乡村实体 v 存在过多邻居的情况，这些过多的邻居会带来过多的计算压力和非必要的邻域信息。所以，我们对此进行了优化，对每个乡村实体的邻域地理空间范围进行了限定，而不使用乡村实体的全部邻居。对于每一个乡村实体 v，只进行 k 次邻居节点的访问，保证邻居选择的范围大小，参考式（6-8）。这样既保证了选择范围不会无限制地向外扩展，同时又能够聚集到足够多相关性高的信息。

$$S(v) \rightarrow \{v \mid v \in N(v)\} \text{ 且 } |S(v)| = k \tag{6-8}$$

式中，$S(v)$ 即上式中的乡村实体选择的范围大小，$S(v)$ 和 $N(v)$ 存在交集。

在步骤 2 中，$\bar{v}$ 到 $\bar{\bar{v}}$ 的信息拼接聚合操作，如式（6-9）所示。

$$\bar{\bar{v}} = \sigma(\boldsymbol{W} \cdot (\bar{v} + e) + b) \tag{6-9}$$

式中，$\boldsymbol{W}$ 是线性变换矩阵，b 是偏置项，向量 e 是乡村实体 v 在前一轮迭代更新产生的向量，并将向量 $\bar{v}$ 和向量 e 拼接起来。至此，即可得到单次基于知识图谱的邻域语义信息增强方法乡村实体 v 的最终向量表示 $\bar{\bar{v}}$。

最后，如步骤 3 和步骤 4 所述，将预测值 $\hat{y}_{p,v}$ 与真实值 $y_{p,v}$ 建立损失函数，参考式（6-10）。

$$\text{loss} = L(y_{p,v}, \hat{y}_{p,v}) \tag{6-10}$$

（2）效果验证

为验证基于知识图谱的邻域语义信息增强方法及推荐框架（KGCN4CEPR）的有效性，实验以乡村生态文明模式推荐测试，将 KGCN4CEPR 与 SVD、MKR、RippleNet 三种推荐方法进行对比试验，结果参见表 6-2。与其他三种方法相比，所提出方法在推荐的准确率和召回率等指标方面都有了一定提升，AUC 最高提升了 12%，达到了 62%；F1 最高提升了 8%，达到了 63%；Recall 最高提升了 24%；达到了 56%，ACC 最高提升了 13%，达到了 60%。

表 6-2　乡村生态文明模式推荐试验结果

项目	AUC	F1	Recall	ACC
KGCN4CEPR	0.6237	0.6379	0.5677	0.6094
RippleNet	0.5933	0.6027	0.5307	0.5806
MKR	0.5843	0.5797	0.5012	0.5758
SVD	0.5015	0.5510	0.3274	0.4737

以"韩村河村"生态文明模式推荐的结果为例分析，该村实际的标签数据是产

业发展型模式，其次是社会综治型模式和休闲旅游型模式。我们对 KGCN4CEPR 及其他三种推荐方法进行对比说明。SVD 的推荐结果为休闲旅游型模式，与真实值相差较大，这是因为 SVD 仅仅使用通过分解评分矩阵来进行生态文明模式的推荐，同时乡村数据存在稀疏问题，因此 SVD 无法在数据较少的情况下进行精准推荐。虽然 MKR、RippleNet 和 KGCN4CEPR 对"韩村河村"推荐结果均为产业发展型，但在 TOP3 推荐中，三者呈现出了较大的差别。MKR 和 RippleNet 的 TOP3 推荐结果均为产业发展型模式、城郊集约型模式、环境整治型。这是因为 MKR 和 RippleNet 都利用乡村知识图谱，考虑到了"韩村河村"与其他乡村及其生态文明模式在属性特征方面的相似性，但是忽略了该村的地理位置，该村位于北京市内，不存在发展城郊集约型模式的客观条件。KGCN4CEPR 的 TOP3 推荐结果为产业发展型模式、休闲旅游型模式、社会综治型模式，虽然仍与真实情况存在一定的差距，但相比其他三种方法，我们的方法 KGCN4CEPR 已与实际的标签数据最为接近。这是因为 KGCN4CEPR 挖掘了"韩村河村"地理上的空间邻近性，考虑到了该村位于北京市，而北京市及其周围的乡村均无发展城郊集约型模式乡村的情况，所以在计算时并没有无限制地拓展计算范围，保证了推荐"韩村河村"所发展生态文明模式的准确性。

综上，基于知识图谱的邻域语义信息增强方法及推荐框架，通过利用领域知识图谱邻接矩阵内容，采用图卷积神经网络嵌入表示的方法，可以有效解决生态文明模式推荐中"冷启动"的问题。

6.1.4 顾及地理环境要素的生态文明模式推荐模型

地理环境要素是生态文明模式推荐必须且重点考虑的要素。然而，通用推荐模型在进行生态文明模式推荐时，并不能够充分地顾及地理环境要素。

核心原因在于以下两个方面：第一，卷积操作并未考虑全局邻域信息。以 KGCN 为代表的推荐模型，通过邻域聚合的操作，成功地捕获了局部邻近结构，表征了 KG 的语义信息，但在进行卷积操作时，取样点的大小固定，为每个实体统一采样一个固定大小的邻居集合，而不是使用它的完整邻居，这样会造成许多语义信息被忽视。由于寻找邻居采用的是随机采样，因此对同类型结点采样邻居时可能会抽取不同类型的特征，降低推荐的准确率。第二，以 KGIN 为代表的推荐模型，引入了 intent 意图向量，在推荐中充分考量了通用推荐中商品的意图属性信息。然而，相对于生态文明模式推荐而言，更需要增强的是区域的属性信息，即用户侧。由此看来，推荐方法的概念模型机理存在差异，方向相反，这可能会对生态文明模式推荐产生重大影响。

针对上述两方面核心问题，本书提出了一种顾及地理环境要素的生态文明模式推荐模型。其核心思想是，通过重构推荐模型的信息采集方向，使得推荐模型能够重点增强对区域地理环境要素特征的表达，并且扩展卷积操作时的信息捕获数量，由随机采样改为全采样，进一步提升要素特征之间的关系，进而从两方面解决地理环境要素忽视的问题，提升生态文明模式推荐的性能。下面分别从方法实现和效果验证的角度进行讨论。

(1) 方法实现

顾及地理环境要素的生态文明模式推荐模型在方法上有两方面改进，第一，重构推荐模型的信息采集方向，使得推荐模型能够重点增强对区域地理环境要素特征的表达，概念模型由式（6-11）转向式（6-12）。

$$y_{ui}=f(u,i^{kg}) \tag{6-11}$$

$$y_{ui}=f(u^{kg},i) \tag{6-12}$$

式中，y_{ui} 表示推荐目标函数，u 表示用户端，i 表示信息端，kg 表示意图向量内容。

第二，在卷积操作时的信息捕获数量，由随机采样改为全采样，如式6-13至式6-14。

$$e_u=e_{\mathrm{item}} \tag{6-13}$$

$$e_u=e_{\mathrm{item}}+e_u^{kg} \tag{6-14}$$

式中，e_u 表示地区（用户）最终的向量；e_{item} 表示地区（用户）在意图网络下的向量表示；e_u^{kg} 表示地区（用户）在知识图谱中的向量表示。

(2) 效果验证

为验证顾及地理环境要素的生态文明模式推荐模型（KGINAGF）的有效性，实验以美丽中国生态文明模式推荐测试，将 KGINAGF 与 KGCN、KGAT、KGIN 三种推荐方法进行对比试验，结果参见表6-3。从统计数据上可以直观看出，在生态文明模式推荐任务中，顾及地理环境要素的生态文明模式推荐模型在准确率的提升超过50%，达到0.1060水平；在召回率方面同样有显著提升，效果达到0.3889水平。总体上来看，顾及地理环境要素的生态文明模式推荐模型的提升效果十分显著。由此可以推断出，生态文明模式推荐（地理类）与商品推荐（通用类）在机理上可能存在显著差异，概念模型的调整可能会对地理类推荐具有深远影响，为顾及地理特征的推荐提供基础性的推荐架构。

表6-3　顾及地理环境要素的生态文明模式推荐模型结果对比

项目	Precision@5	recall@5	F1@5
KGCN	0.02407479	0.10119233	0.03889582
KGAT	0.03607324	0.10085796	0.05314016
KGIN	0.06903341	0.25677278	0.10881254
KGINAGF	0.10603818	0.38897361	0.16664675

综上，顾及地理环境要素的生态文明模式推荐模型，通过利用采集方向修改和卷积全采样等部分的优化，可以有效解决生态文明模式推荐中地理环境要素忽视的问题，进而有效提升生态文明模式推荐系统的性能。

6.2　生态文明模式推荐应用

6.2.1　福建省生态文明模式推荐应用

在生态文明模式推荐应用方面，本书选取了数字中国发源地——福建省作为示范应用区域。以县区为研究单元和空间考量尺度，采用本章 6.1 节提出的生态文明模式推荐方法实现，计算获得的福建省区县生态文明模式推荐结果参见表 6-4。

推荐结果包含有每个区县的原本正在发展的生态文明模式，推荐计算得到的 Top5 生态文明模式，二级分类准确性和模式推荐标签。其中，二级分类准确性是指推荐计算得到的 Top5 生态文明模式的二级分类名录，在原本正在发展的生态文明模式的二级分类名录中的比例数值。通过该数值，二级分类准确性可定量回答推荐算法得出的生态文明模式是否与当前发展中的生态文明模式一致。此外，"无"表示该区县当前未能调查采集到具有全国等级的典型生态文明模式，因而无法进一步比较推荐结果。二级分类准确性越高，说明当前发展模式与推荐结果一致性越高，换而言之，区县的生态文明建设方向是充分适宜区域地理特征的。反之，二级分类准确性低，说明当前区县发展方向并不符合区域地理特征，值得政府规划部门多加关注。

其中，方向明确类，是指推荐发展的生态文明模式与县域正发展的生态文明模式完全吻合（推荐结果吻合度=100%）；可以调整类，是指推荐发展的生态文明模式与县域正发展的生态文明模式基本相同（推荐结果吻合度>50%）；期待转型类，是指推荐发展的生态文明模式与县域正发展的生态文明模式存在一定差异（推荐结果吻合度<50%）；亟须转型类，是指推荐发展的生态文明模式与县域正发展的生态文明模式完全不符（推荐结果吻合度=0）。

6.2.2　福建省生态文明模式推荐分析

总的来看，福建省大部分地区生态文明模式建设是充分考虑区域本底规律的，当前发展方向与推荐方向基本一致，福建省东南沿海和北部部分县区的生态文明建设方向需要调整，分布格局较为分散。基于上述推荐应用结果，可以从全局角度对福建省生态文明模式的发展现状进行解读，参见图 6-4。

表6-4 福建省区县生态文明模式推荐结果

城市	区县	原本生态文明模式	推荐Top5生态文明模式	二级分类准确性（%）	模式推荐标签
厦门市	思明区	生态旅游模式，生态文明，畜沼果模式，生态系统保育与生态补偿模式	农业创新园区模式，自然保护区模式，自然公园模式，种养结合大类，美丽乡村模式	33.33	期待转型
	海沧区	生态旅游模式，自然保护区模式	自然公园模式，自然保护区模式，农业创新园区模式，生态园区综合体模式，畜沼果模式	33.33	期待转型
	湖里区	畜沼果模式	种养结合大类，稻鱼类模式，农业创新园区模式，生态园区综合体模式，自然保护区模式	100	方向明确
	集美区	生态城市模式，自然保护区模式	自然公园模式，自然保护区模式，生态旅游模式，农业创新园区模式，畜沼果模式	50	可以调整
	同安区	自然公园模式，美丽乡村模式，特色小镇模式	农业创新园区模式，自然保护区模式，生态旅游模式，生态园区综合体模式，畜沼果模式	50	可以调整
	翔安区	互联网农产品销售模式	畜沼果模式，种养结合大类，自然保护区模式，农业创新园区模式，生态园区综合体模式	100	方向明确
	蕉城区	自然公园模式，生态旅游模式，生态园区综合体模式，林草畜牧模式，种植业模式，美丽乡村模式	农业创新园区模式，自然保护区模式，自然公园模式，生态旅游模式，畜沼果模式	75	可以调整
	霞浦县	生态旅游模式，自然保护区模式	自然公园模式，美丽乡村模式，自然保护区模式，农业创新园区模式，生态园区综合体模式	50	可以调整
宁德市	古田县	美丽乡村模式	自然保护区模式，农业创新园区模式，自然公园模式，生态园区综合体模式，生态旅游模式	0	急需转型
	屏南县	自然公园模式，生态旅游模式，绿色能源模式	自然保护区模式，生态园区综合体模式，美丽乡村模式，农业产业模式，畜沼果模式	50	可以调整
	寿宁县	自然公园模式，生态旅游模式，物联网精准农业模式，生态系统保育与生态补偿模式，农业创新园区模式	美丽乡村模式，生态园区综合体模式，自然保护区模式，种养结合大类，畜沼果模式	50	可以调整

城市	区县	原本生态文明模式	推荐Top5生态文明模式	二级分类准确性（%）	模式推荐标签
宁德市	周宁县	生态旅游模式	自然公园模式，农业创新园区模式，自然保护区模式，美丽乡村模式，生态园区综合体模式	0	急需转型
	柘荣县	生态旅游模式，畜沼果模式	自然公园模式，农业创新园区模式，自然保护区模式，美丽乡村模式，生态园区综合体模式	50	可以调整
	福安市	生态旅游模式，生态园区综合体模式，特色小镇模式，稻鱼类模式，农业创新园区模式，农业产业品销售模式	自然保护区模式，畜沼果模式，种养结合大类，生态园区综合体模式，美丽乡村模式	66.67	可以调整
	福鼎市	自然公园模式，生态旅游模式，特色小镇模式，农业创新园区模式，畜沼果模式，种养结合大类	自然保护区模式，生态园区综合体模式，美丽乡村模式，种养结合大类，自然公园模式	75	可以调整
龙岩市	新罗区	生态旅游模式，种养结合大类，生态园区综合体模式	农业创新园区模式，自然保护区模式，自然公园模式，美丽乡村模式，畜沼果模式	50	可以调整
	永定区	自然公园模式，生态旅游模式，特色小镇模式，农业创新园区模式	农业创新园区模式，自然保护区模式，美丽乡村模式，生态园区综合体模式，农业产业园	75	可以调整
	长汀县	自然公园模式，生态旅游模式，水土流失治理模式，林药同作模式，畜沼果模式	农业创新园区模式，美丽乡村模式，生态园区综合体模式，畜沼果模式，自然保护区模式，农业产业园	25	期待转型
	上杭县	自然公园模式，水土流失治理模式，林草畜模式，多元立体循环种养，林药循环种养，农业产业园模式，畜沼果模式，种养结合大类，秸秆循环利用模式	农业创新园区模式，生态园区综合体模式，自然保护区模式，稻鱼类模式，自然公园模式	50	可以调整

城市	区县	原本生态文明模式	推荐Top5生态文明模式	二级分类准确性（%）	模式推荐标签
龙岩市	武平县	自然公园模式，粪便资源化利用模式，生态旅游模式，林草畜牧模式，林药同作模式，自然保护区模式，畜沼果模式，林粮同作模式，清洁生产模式	农业创新园区模式，自然公园模式，生态园区综合体模式，种养结合大类，农业产业园模式	40	期待转型
	连城县	自然公园模式，生态旅游模式，畜沼果模式	自然保护区模式，农业创新园区综合体模式，美丽乡村模式，清洁生产模式	66.67	可以调整
	漳平市	自然公园模式，生态旅游模式，清洁生产模式	农业创新园区模式，自然保护区模式，美丽乡村模式，生态园区综合体模式，畜沼果模式	33.33	期待转型
南平市	延平区	发酵床养殖模式，空间差间套模式，生态园区综合体模式，稻畜类模式，自然保护区模式，畜沼果模式	种养结合大类，农业创新园区模式，稻鱼类模式，自然公园模式，美丽乡村模式	66.67	可以调整
	建阳区	美丽乡村模式	农业创新园区模式，自然保护区模式，自然公园模式，生态旅游模式，生态园区综合体模式	0	急需转型
	顺昌县	生态旅游模式	自然公园模式，农业创新园区模式，自然保护区模式，美丽乡村模式，生态园区综合体模式	0	急需转型
	浦城县	节肥农业模式，稻鱼类模式，多元立体循环种养，林药同作模式，自然保护区模式，林龙同作模式，畜沼果模式，美丽乡村模式	农业创新园区模式，种养结合大类，生态园区综合体模式，生态旅游模式，自然公园模式	66.67	可以调整
	光泽县	水土流失治理模式，自然保护区模式	美丽乡村模式，自然公园模式，农业创新园区模式，生态旅游模式，自然保护区模式	50	可以调整
	松溪县	无	无	无	无

城市	区县	原本生态文明模式	推荐Top5生态文明模式	二级分类准确性（%）	模式推荐标签
南平市	政和县	自然公园模式，生态旅游模式，清洁生产模式	农业创新园区模式，自然保护区模式，美丽乡村模式，生态园区综合体模式，畜沼果模式	33.33	期待转型
	邵武市	生态旅游模式，特色小镇模式	自然公园模式，农业创新园区模式，自然保护区模式，美丽乡村模式，生态园区综合体模式	50	可以调整
	武夷山市	自然公园模式，生态旅游模式，水土流失治理模式，特色小镇模式，生态文化模式，稻鱼类模式，多元立体循环种养，自然保护区模式，美丽乡村模式，畜沼果模式，种养结合大类，生态系统保育与生态补偿模式，订单认养农业模式	农业创新园区模式，生态园区综合体模式，自然保护区模式，生态旅游模式，农业产业园模式	60	可以调整
	建瓯市	自然保护区模式，农业产业园模式	农业创新园区模式，美丽乡村模式，自然公园模式，生态旅游模式，畜沼果模式	100	方向明确
	岁城区	科技助农模式，生态园区综合体模式，稻薯类模式，农业创新园区模式，自然保护区模式，畜沼果模式，互联网农产品销售模式，种养结合大类	生态园区综合体模式，稻鱼类模式，自然公园模式，美丽乡村模式，生态旅游模式	100	方向明确
漳州市	龙文区	无	无	无	无
	龙海区	生态旅游模式	自然公园模式，自然保护区模式，农业创新园区模式，美丽乡村模式，生态园区综合体模式	0	急需转型
	长泰区	自然公园模式，农业创新园区模式，互联网农产品销售模式	自然保护区模式，生态旅游模式，美丽乡村模式，畜沼果模式，生态园区综合体模式	100	方向明确
	云霄县	自然保护区模式	农业创新园区模式，美丽乡村模式，自然公园模式，畜沼果模式，生态旅游模式	100	方向明确

147

美丽中国中生态文明模式调研、分析与应用

148

城市	区县	原本生态文明模式	推荐Top5 生态文明模式	二级分类准确性（%）	模式推荐标签
漳州市	漳浦县	自然公园模式，农业产业园模式，畜沼果模式，光伏农业模式	农业创新园区模式，自然保护区模式，种养结合大类，生态园区综合体模式	100	方向明确
	诏安县	自然公园模式，生态旅游模式，稻鱼类模式，多元立体循环种养，农业创新园区模式	农业创新园区模式，畜沼果模式，自然保护区模式，种结合大类，生态园区综合体模式	66.67	可以调整
	东山县	自然公园模式	生态旅游模式，自然保护区模式，农业创新园区模式，美丽乡村模式，生态园区综合体模式	100	方向明确
	南靖县	自然公园模式，生态旅游模式，特色小镇模式，农业创新园区模式，绿色能源模式，自然保护区模式，农业产业园模式，美丽乡村模式	自然公园模式，生态旅游模式，生态园区综合体模式，畜沼果模式，种养结合大类	60	可以调整
	平和县	自然公园模式，生态旅游模式，水土流失治理模式	自然保护区模式，农业创新园区模式，美丽乡村模式，生态园区综合体模式，畜沼果模式	33.33	期待转型
	华安县	自然公园模式，生态旅游模式，林药间作模式，林苗同作模式，生态系统保育与生态补偿模式	自然保护区模式，农业创新园区模式，美丽乡村模式，生态园区综合体模式，清洁生产模式	50	可以调整
泉州市	鲤城区	无	无	无	无
	丰泽区	空间差间套模式，生态旅游模式，生态园区综合体模式，林草畜模式，稻鱼类模式，畜沼果模式，互联网农产品销售模式	种养结合大类，农业创新园区模式，自然保护区模式，美丽乡村模式，自然公园模式	50	可以调整
	洛江区	生态园区综合体模式	畜沼果模式，农业创新园区模式，自然保护区模式，稻鱼类模式	100	方向明确
	泉港区	畜沼果模式	种养结合大类，稻鱼类模式，生态园区综合体模式，农业创新园区模式，自然保护区模式	100	方向明确

城市	区县	原本生态文明模式	推荐Top5生态文明模式	二级分类准确性（%）	模式推荐标签
泉州市	惠安县	生态旅游模式	自然公园模式，美丽乡村模式，自然保护区模式，农业创新园区模式，生态园区综合体模式	0	急需转型
	安溪县	空间差间套模式，农业产业园模式，种养循环模式，畜沼果模式，美丽乡村模式，互联网农产品销售模式	自然保护区模式，农业创新园区模式，生态园区综合体大类，自然公园模式	50	可以调整
	永春县	自然公园模式，粪便资源化利用模式，生态旅游模式，水土流失治理模式，自然保护区模式，种养循环模式，美丽乡村模式，畜沼果模式，种养结合大类	农业创新园区模式，自然公园模式，生态园区综合体模式，农业产业园模式，稻鱼类模式	40	期待转型
	德化县	自然公园模式，生态旅游模式，水土流失治理模式，稻鱼类模式，水土流失治理模式，绿色能源模式，自然保护区模式	农业创新园区模式，美丽乡村模式，自然公园模式，生态旅游模式，生态园区综合体模式	60	可以调整
	金门县	无	无	无	无
	石狮市	特色小镇模式	农业创新园区模式，美丽乡村模式，自然保护区模式，生态旅游模式，自然公园模式	100	方向明确
	晋江市	自然公园模式，科技助农模式，特色小镇模式，自然保护区模式	生态旅游模式，美丽乡村模式，农业创新园区模式，自然保护区模式，生态园区综合体模式	100	方向明确
	南安市	生态旅游模式，种养结合大类	自然公园模式，美丽乡村模式，自然保护区模式，农业创新园区模式，生态园区综合体模式	50	可以调整
三明市	三元区	自然公园模式，科技助农模式，节肥农业模式，林草畜模式，工业化种养殖模式，清洁生产模式	农业创新园区模式，畜沼果模式，自然保护区模式，生态园区综合体模式，种养结合大类	66.67	可以调整
	沙县区	生态园区综合体模式，订单认养农业模式	农业创新园区模式，自然保护区模式，畜沼果模式，美丽乡村模式，自然公园模式	100	方向明确

美丽中国生态文明模式调查分析与应用

150

城市	区县	原本生态文明模式	推荐Top5生态文明模式	二级分类准确性（%）	模式推荐标签
三明市	明溪县	自然保护区模式	农业创新园区模式，自然公园模式，美丽乡村模式，生态旅游模式，畜沼果模式	100	方向明确
	清流县	农业创新园区模式，特色小镇模式，自然保护区模式，工业化种养殖模式	美丽乡村模式，自然公园模式，生态旅游模式，农业产业园区模式，畜沼果模式	100	方向明确
	宁化县	自然公园模式，水土流失治理模式，农业创新园区模式	美丽乡村模式，生态旅游模式，自然保护区模式，农业创新园区模式，生态园区综合体模式	66.67	可以调整
	大田县	畜沼果模式，美丽乡村模式	种养结合大类，农业创新园区模式，自然保护区模式，生态园区综合体模式，稻鱼类模式	50	可以调整
	尤溪县	生态旅游模式，生态园区综合体模式，水土流失治理模式，农业创新园区模式，菌草间作模式，农业产品销售模式，互联网农产品销售模式	自然保护区模式，美丽乡村模式，自然公园模式，生态园区综合体模式，生态旅游模式，生态园区综合体模式	66.67	可以调整
	将乐县	自然公园模式，生态旅游模式，农业创新园区模式，自然保护区模式，美丽乡村模式	美丽乡村模式，自然保护区模式，畜沼果模式，农业产业园区模式，种养结合大类	50	可以调整
	泰宁县	自然公园模式，生态旅游模式，自然保护区模式，畜沼果模式，生态系统保育与生态补偿模式	农业创新园区模式，自然公园模式，生态旅游模式，生态园区综合体模式，种养结合大类	60	可以调整
	建宁县	自然公园模式，自然保护区模式	农业创新园区模式，生态旅游模式，自然保护区模式，美丽乡村模式，生态园区综合体模式	100	方向明确
	永安市	自然公园模式，类便资源化利用模式，生态旅游模式，林草蓄模式，稻鱼类模式，多元立体种养，农业产业园区模式，畜沼果模式	农业创新园区模式，自然保护区模式，生态园区综合体模式，种养结合大类，自然公园模式	66.67	可以调整

城市	区县	原本生态文明模式	推荐Top5生态文明模式	二级分类准确性（%）	模式推荐标签
莆田市	城厢区	自然公园模式，生态旅游模式，生态园区综合体模式，农业众筹模式，畜沼果模式	农业创新园区模式，美丽乡村模式，自然保护区模式，畜沼果模式，种养结合大类	66.67	可以调整
	涵江区	特色小镇模式	农业创新园区模式，美丽乡村模式，生态旅游模式，自然保护区模式，农业产业园模式	100	方向明确
	荔城区	美丽乡村模式	自然保护区模式，农业创新园区模式，自然公园模式，生态旅游模式，生态园区综合体模式	0	急需转型
	秀屿区	生态旅游模式，水肥一体化模式	自然公园模式，农业创新园区模式，自然保护区模式，美丽乡村模式，生态园区综合体模式	50	可以调整
	仙游县	生态旅游模式，农业产业园模式	自然公园模式，自然保护区模式，美丽乡村模式，农业创新园区模式，生态园区综合体模式	50	可以调整
福州市	数楼区	生态旅游模式，生态园区模式，科技助农模式，放养散养模式，互联网农产品销售模式，水肥一体化模式，循环养殖模式，空间差间套模式，粪便资源化利用模式，种养加模式，生态园区综合体模式，稻鱼类模式，稻畜类模式，林花间作模式，林药间作模式，工业化种养殖模式，草间作模式，菌草间作模式，林草畜养模式，农业贮藏模式，畜沼果循环模式，光伏农业模式，种养循环模式，秸秆循环利用模式	多元立体循环种养，互联网农产品销售模式，二段式养殖模式，农业创新园区模式，生态园区综合体模式，水肥一体化模式	33.33	期待转型
	台江区	无	无	无	无
	仓山区	无	无	无	无
	马尾区	生态园区模式	畜沼果模式，种养结合大类，生态园区综合体模式，稻鱼类模式，美丽乡村模式	100	方向明确

152

美丽中国生态文明模式调研、分析与应用

城市	区县	原本生态文明模式	推荐Top5生态文明模式	二级分类准确性（%）	模式推荐标签
福州市	晋安区	自然公园模式，生态旅游模式，美丽乡村模式	美丽乡村模式，自然保护区模式，农业创新园区模式，生态园区综合体模式，畜禽果模式	66.67	可以调整
	长乐区	自然公园模式，生态旅游模式，自然保护区模式	农业创新园区模式，自然保护区模式，美丽乡村模式，生态园区综合体模式，畜禽果模式	50	可以调整
	闽侯县	自然公园模式，时间差同套模式，生态旅游模式，水产混养模式，稻鱼类模式，多元立体种养、工业化种养殖模式，畜沼果模式，设施养殖模式，循环养殖模式	种养结合大类，生态园区综合体模式，自然保护区模式，农业创新园区模式，农业产业园模式	66.67	可以调整
	连江县	水肥一体化模式	种养结合大类，畜沼果模式，农业创新园区模式，稻鱼类模式，农业产业园模式	100	方向明确
	罗源县	稻鱼类模式，种养结合大类	种养结合大类，畜沼果模式，农业创新园区模式，生态园区综合体模式，自然保护区模式	100	方向明确
	闽清县	自然公园模式，自然保护区模式	生态旅游模式，农业创新园区模式，美丽乡村模式，自然保护区模式，生态园区综合体模式	100	方向明确
	永泰县	生态旅游模式，生态系统保育与生态补偿模式	自然公园模式，农业创新园区模式，自然保护区模式，美丽乡村模式，生态园区综合体模式	0	急需转型
	平潭县	自然公园模式，粪便资源化利用模式，生态旅游模式，美丽乡村模式，互联网农产品销售模式，种养结合大类	农业创新园区模式，畜沼果模式，自然保护区模式，生态园区综合体模式，自然公园模式	50	可以调整
	福清市	自然公园模式，生态旅游模式，生态园区综合模式，水土流失治理模式，特色小镇模式，农业产业园模式，畜沼果模式	农业创新园区模式，自然保护区模式，种养结合大类，美丽乡村模式，自然公园模式	60	可以调整

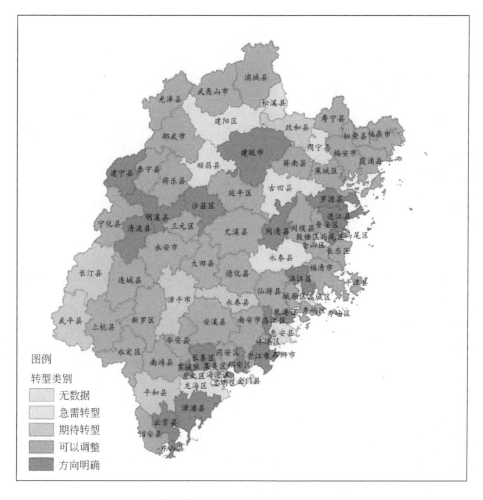

图6-4　福建省各县生态文明模式推荐结果与现状对比图

　　具体来看，"方向明确"和"可以调整"两类在生态文明模式推荐结果中的占比超过72.6%，说明当前生态文明模式的选择已经基本遵循区域发展的客观规律，已经一定程度上顾及区域资源要素、环境条件、经济水平、社会发展等要素的协同作用。在此基础上，生态文明模式推荐能够给当地政府决策者提供更加多样化的生态文明模式发展参考。例如。三明市建宁县已围绕"自然公园模式"和"自然保护区模式"进行生态文明建设，可以在延续原有生态文明模式基础上，参考适合本区域的其他相关模式如"生态旅游模式""美丽乡村模式""生态园区综合体模式""农业创新园区模式"等，进一步发挥区域本底优势，加速生态文明建设进程。

　　"期待转型"和"亟需转型"两类在生态文明模式推荐结果中的占比为20.9%，说明当前仍存在部分区域其生态文明模式的选择未能充分顾及区域资源要素、环境条件、经济水平、社会发展等要素的协同作用。特别是，古田县、周宁县、建阳区、顺昌县、龙海区、惠安县、荔城区和永泰县等区域。针对上述区县，生态文明模式推荐结合其地理环境要素提供了相关可参考的生态文明模式发展方向，具体参见表6-4。

6.3 小　　结

　　本章针对美丽中国生态文明模式难以推荐和推荐不恰当等问题，从信息技术方法角度出发，围绕生态文明模式的方法及应用开展讨论。一方面，针对生态文明模式推荐中地理数据稀疏、模式推荐"冷启动"和地理环境忽视等一系列重点问题，分布在地理数据增强、地理要素增强、推荐模型重构等方面进行突破，提出了基于地理学第三定律与生成对抗网络的地理数据增强方法、基于知识图谱的邻域语义信息增强方法和顾及地理环境要素的生态文明模式推荐方法；另一方面，基于上述改进后生态文明模式推荐方法，以福建省为应用示范区域，演算了福建省内县区的推荐生态文明模式，并与当前正在统筹发展的生态文明模式进行对比分析，揭示了当前生态文明模式发展方向的差异，有望能够为生态文明建设提供参考方向和转型建议，进而推动美丽中国目标的达成。

第 7 章

结论与展望

本章是生态文明模式调查、分析与应用的结论，首先总结了针对生态文明模式所做的基础理论、核心数据和关键技术研究，强调了其在推动生态文明建设中的重要性。其次，着重探讨了未来的发展前景与挑战，指出了全球生态文明模式调查、推荐性能提升以及动态发展预测等方面的关键问题。最后，展望了通过解决这些问题所能带来的推动力量，强调了美丽中国生态文明模式的调查、分析与应用在实现美丽中国目标方面的潜力与重要性。本章为读者提供了一个全面而清晰的视角，引领他们进入到美丽中国生态文明建设的未来发展之路。

7.1 结 论

本书以美丽中国生态文明模式调查、分析和应用为主题，针对美丽中国生态文明模式存在概念内涵不清晰、收集调查不充足、数据资料不完备和难以应用推广等问题，以信息科学与人文社会科学交叉为特色，围绕"概念界定—名录调查—数据构建—格局分析—推荐应用"的研究思路，系统开展美丽中国生态文明模式概念与分类、调查与挖掘方法、数据库研发、空间格局分析和推荐与应用实践等方面研究，主要结论包括以下五方面。

(1) 美丽中国生态文明模式概念与分类

在梳理生态文明建设相关概念和界定美丽中国生态文明模式概念与内涵的基础上，提出了美丽中国生态文明模式的分类体系及编码，为生态文明模式研究奠定了基础。

(2) 中国生态文明模式调查与挖掘

提出了基于知识图谱的生态文明模式调查方法和基于网络文本挖掘的生态文明模式挖掘方法，结合官方发布的生态文明模式名录，实现了生态文明模式名录的获取。

(3) 中国生态文明模式数据库建设

提出了生态文明模式地理位置空间化方法和生态文明模式孕育环境属性信息关联方法，在此基础上研发了中国生态文明模式数据库，为生态文明模式分析、推广和应用提供核心数据。

(4) 中国生态文明模式格局分析

揭示了中国生态文明模式总体空间格局，详细分析中国生态文明模式分级分类空间格局，并分析了中国七大地理区域的典型生态文明模式。

(5) 生态文明模式推荐与应用实践

提出了顾及地理特征的生态文明模式推荐方法，在福建省开展生态文明模式推荐应用，给县级行政区提供重要的考方向和转型建议，支撑其对区域生态文明建设方向的判断及决策。

7.2 展 望

本书在美丽中国生态文明模式调查、分析和应用过程中，针对生态文明模式开展了概念与分类、大规模调查与挖掘、数据库研发、空间格局分析和推荐与应用实践等一系列基础理论、核心数据和关键技术研究。虽然利用大数据人工智能技术初步达成了对美丽中国生态文明模式的调查、分析和应用，但是在科研工作中仍存在一些问题，有待进一步深入和完善。

(1) 未能实现对全球生态文明模式的调查

美丽中国生态文明建设不仅需要调查借鉴国内的典型优秀案例，同时也希望能够参考国外的可持续发展案例，经过两者融合会好地促进生态文明建设的实施。然而，在面向全球生态文明模式调查中存在三方面问题未能实现：其一，在数据获取层面，需要解决跨语言的问题；其二，在调查分析方面，需要解决不同模式间语义内涵不一致的问题；其三，在本底数据收集方面，需要解决不同国家或区域划分标准和地理环境数据采集规范不一致的问题。

(2) 生态文明模式推荐性能仍能够提升

在生态文明模式推荐应用中，当前研究已经解决地理数据稀疏、模式推荐中"冷启动"和地理环境忽视等问题，但是在生态文明模式推荐性能存在提升空间，例如在生态文明模式训练过程中，能否顾及生态文明模式遵循的基本规律，是否能够绘制并利用生态文明模式的区划规律进行采样、分析和推理，这些地理规律的考量有望能够进一步促进生态文明模式推荐等下游任务的性能。

（3）生态文明模式的发展预测

生态文明模式并不是静态的，而是处于不断生成、发展和消亡的动态过程中，当前研究并未充分考虑生态文明模式的动态过程，也未能深刻剖析其在不同阶段对环境承载力、资源消耗量、社会发展程度的依赖，以及其在不同阶段对生产力发展的促进程度。假设能够充分揭示并考虑生态文明模式的周期性，有望能够更加充分地发挥生态文明模式在生态文明建设中的价值。

若上述问题能够得到有效的解决，美丽中国生态文明模式调查、分析与应用有望能够进一步加速推进生态文明建设，实现美丽中国目标。

参 考 文 献

包乌兰托亚. 2013. 我国休闲农业资源开发与产业化发展研究. 青岛: 中国海洋大学.

陈云进. 2014. 昆明地区推广新型生态农业模式的研究与实践. 成都: 2014 中国环境科学学会学术年会.

邓辉. 2014. 生态家园: 文化遗产型特色民族村寨发展的有效模式——基于武陵山区彭家寨的调查. 中南民族大学学报 (人文社会科学版), (5): 50-54.

方创琳, 王振波, 刘海猛. 2019. 美丽中国建设的理论基础与评估方案探索. 地理学报, 74 (4): 619-632.

高卿, 王振波, 宋金平, 等. 2019. 美丽中国的研究进展及展望. 地理科学进展, (7): 1021-1033.

葛全胜, 方创琳, 江东. 2020. 美丽中国建设的地理学使命与人地系统耦合路径. 地理学报, 75 (6): 1109-1119.

谷树忠, 胡咏君, 周洪. 2013. 生态文明建设的科学内涵与基本路径. 资源科学, 35 (1): 2-13.

韩步江. 2023. 新时代中国特色社会主义生态文明建设的基本逻辑. 理论月刊, (1): 26-33.

黄立威, 刘艳博, 李德毅, 等. 2018. 基于深度学习的推荐系统研究综述. 计算机学报, 41 (7): 1619-1647.

黄炜虹, 邬兰娅, 胡剑, 等. 2016. 农户对生态农业模式的偏好与额外投入水平研究——基于重庆市 358 户农户调查数据. 农业技术经济, (11): 34-43.

贾亚杰, 李振. 2022. "生态化逻辑" 视域下的新形态文明构建——以 "数字生态" 为核心. 青海社会科学, (3): 23-31.

贾真, 刘胜久, 尹红风, 等. 2014. 面向中文网络百科的属性和属性值抽取. 北京大学学报 (自然科学版), 50 (1): 41-47.

蒋秉川, 周小军, 温荟琦, 等. 2020. 利用地理知识图谱的 COVID-19 疫情态势交互式可视分析. 武汉大学学报 (信息科学版), 45 (6): 836-845.

乐小虹, 杨崇俊, 于文洋. 2005. 基于空间语义角色的自然语言空间概念提取. 武汉大学学报 (信息科学版), 30 (12): 1100-1103.

李宏. 2021. 新时代中国特色社会主义生态文明制度建设研究. 广州: 华南理工大学.

李娜, 张云飞. 2022. 习近平生态文明思想的系统方法论要求——坚持全方位全地域全过程开展生态文明建设. 中国人民大学学报, 50 (1): 1-10.

刘强, 于娟. 2015. 主题网络爬虫研究综述. 计算机工程与科学, 37 (2): 231-237.

刘洋, 周立华. 2021. 中国生态建设回顾与展望. 生态学报, 41 (8): 3306-3314.

陆锋, 余丽, 仇培元. 2017. 论地理知识图谱. 地球信息科学学报, 19 (6): 723-734.

美丽中国生态文明模式调查、分析与应用

陆路正，陈宏飞，常建霞，等．2022．基于 UGC 文本挖掘的城市旅游客流网络结构研究——以西安市为例．地域研究与开发，(1)：98-103.

罗强，石伟伟，贾玥，等．2023．GIS 领域知识图谱进展研究．测绘地理信息，(1)：60-67.

彭蕾．2020．习近平生态文明思想理论与实践研究．西安：西安理工大学．

邱莎，王付艳，丁海燕，等．2011．基于统计的中文地名自动识别研究．计算机技术与发展，21(11)：35-38.

施林锋．2019．面向文本的空间信息抽取方法研究．南京：南京大学．

宋海洋，刘晓然，钱海俊．2011．一种新的主题网络爬虫爬行策略．计算机应用与软件，28(11)：264-267，293.

王甫园，王开泳，陈田．2016．国家级休闲农业园区的分布、类型与优化布局．农业现代化研究，37(6)：1035-1044.

王国霞，刘贺平．2012．个性化推荐系统综述．计算机工程与应用，48(7)：66-76.

王亮亮．2018．Web 新闻发表时间在线抽取方法研究．合肥：合肥工业大学．

王玲俊，陈健．2022．我国光伏农业的发展阶段与地域分布．安徽农业科学，50(8)：246-249.

王曙．2018．自然语言驱动的地理知识图谱构建方法研究．南京：南京师范大学．

王曙，诸云强，钱朗，等．2021．中国农业生态文明模式空间分布数据集(2018-2020)．全球变化数据学报(中英文)，(2)：181-188，300-307.

邬晓燕．2022．数字化赋能生态文明转型的难题与路径．人民论坛，(6)：60-62.

吴孔凡，吴理财．2014．美丽乡村建设四种模式及比较——基于安吉、永嘉、高淳、江宁四地的调查．华中农业大学学报(社会科学版)，33(1)：15-22.

习近平．2019-4-29．共谋绿色生活，共建美丽家园．人民日报，第 1 版．

习近平．2021-12-24．共同构建人与自然生命共同体．人民日报，第 3 版．

席建超，赵美风，葛全胜．2011．乡村旅游诱导下农户能源消费模式的演变——基于六盘山生态旅游区的农户调查分析．自然资源学报，26(6)：981-991.

夏崇镨，康丽．2007．基于叙词表的主题爬虫技术研究．现代图书情报技术，(5)：41-44.

向俊杰，彭向刚．2015．中国三种生态文明建设模式的反思与超越．中国人口·资源与环境，25(3)：12-18.

杨健，陈伟．2023．基于 Python 的三种网络爬虫技术研究．软件工程，(2)：24-27，19.

于蒙，吴克奇，周文杰，等．2022．推荐系统综述．计算机应用，(14)：1898-1913.

余丽，陆锋，张恒才．2015．网络文本蕴涵地理信息抽取：研究进展与展望．地球信息科学学报，17(2)：127-134.

俞鸿魁，吕学强，施水才，等．2006．基于层叠隐马尔可夫模型的中文命名实体识别．通信学报，27(2)：87-94.

俞可平．2005．科学发展观与生态文明．马克思主义与现实，(4)：4-5.

袁文，袁武．2021-10-15．一种生态文明地理知识图谱的构建方法：202110632034.

张朝枝．2008．原真性理解：旅游与遗产保护视角的演变与差异．旅游科学，22(1)：1-8，28.

张成渝．2010．国内外世界遗产原真性与完整性研究综述．东南文化，(4)：30-37.

张丹，孙业红，焦雯，等．2009．稻鱼共生系统生态服务功能价值比较——以浙江省青田县和贵州省从江县为例. 中国人口·资源与环境, 19 (6): 30-36.

张高丽. 2013. 大力推进生态文明 努力建设美丽中国. 求是, (24): 3-11.

张国强. 2004. 中国十大生态农业模式和技术. 农家参谋, (10): 37.

张明星, 田昊, 杨琴琴, 等. 2023. 利用知识图谱的推荐系统研究综述. 计算机工程与应用, (4): 30-42.

张雪英, 闾国年. 2007. 自然语言空间关系及其在 GIS 中的应用研究. 地球信息科学, 9 (6): 77-81.

张雪英, 张春菊, 吴明光, 等. 2020. 顾及时空特征的地理知识图谱构建方法. 中国科学 F 辑, 50 (7): 1019-1032.

周成虎, 王华, 王成善, 等. 2021. 大数据时代的地学知识图谱研究. 中国科学: 地球科学, 51 (7): 1070-1079.

周宏春, 戴铁军. 2022. 构建人类命运共同体、应对气候变化与生态文明建设. 中国人口·资源与环境, (1): 1-8.

诸云强, 孙凯, 胡修棉, 等. 2022. 大规模地球科学知识图谱构建与共享应用框架研究与实践. 地球信息科学学报, 25 (6): 1215-1227.

Ai Q, Azizi V, Chen X, et al. 2018. Learning heterogeneous knowledge base embeddings for explainable recommendation. Algorithms, 11 (9): 137.

Aldana-Bobadilla E, Molina-Villegas A, Lopez-Arevalo I, et al. 2020. Adaptive geoparsing method for toponym recognition and resolution in unstructured text. Remote Sensing, 12 (18): 3041.

Atinkut H B, Yan T, Zhang F, et al. 2020. Cognition of agriculture waste and payments for a circular agriculture model in Central China. Scientific Reports, 10 (1): 10826.

Dassereto F, Di Rocco L, Guerrini G, et al. 2020. Evaluating the effectiveness of embeddings in representing the structure of geospatial ontologies// Kyriakidis P, Hadjimitsis D, Skarlatos D, et al. 2020. Geospatial technologies for local and regional development. Limassol: 22nd AGILE Conference on Geographic Information Science.

Dikaiakos M, Stassopoulou A, Papageorgiou L. 2005. An investigation of web crawler behavior: Characterization and metrics. Computer Communications, 28 (8): 880-897.

Dsouza A, Tempelmeier N, Yu R, et al. 2021. WorldKG: A world-scale geographic knowledge graph. Boise: Proceedings of the 30th ACM International Conference on Information & Knowledge Management.

Fan H, Zhong Y, Zeng G, et al. 2022. Improving recommender system via knowledge graph based exploring user preference. Applied Intelligence, 52 (9): 10032-10044.

Fan Q, Liang L, Li W. 2020. Development of ecological civilization in China. Fresenius Environmental Bulletin, 29 (7): 5570-5575.

Ghani R, Probst K, Liu Y, et al. 2006. Text mining for product attribute extraction. Acm Sigkdd Explorations Newsletter, 8 (1): 41-48.

Guo H. 2021. Research on web data mining based on topic crawler. Journal of Web Engineering, 20 (4): 1131-1143.

Huang Z, Qiu P, Yu L, et al. 2022. MSEN-GRP: A geographic relations prediction model based on multi-layer similarity enhanced networks for geographic relations completion. ISPRS International Journal of Geo-

Information, 11 (9): 493.

Janowicz K, Hitzler P, Li W, et al. 2022. Know, know where, know where graph: A densely connected, cross-domain knowledge graph and geo-enrichment service stack for applications in environmental intelligence. AI Magazine, 43 (1): 30-39.

Jones C B, Purves R S. 2008. Geographical information retrieval. International Journal of Geographical Information Science, 22 (3): 219-228.

Kleinberg J. 1999. Authoritative sources in a hyperlinked environment. Journal of the ACM, 46 (5): 604-632.

Kloeser L, Kohl P, Kraftl B, et al. 2021. Multi-Attribute relation extraction (MARE): Simplifying the application of relation extraction. The 2nd International Conference on Deep Learning Theory and Applications: 148-156.

Kuang J, Cao Y, Zheng J, et al. 2020. Improving neural relation extraction with implicit mutual relations. Dallas: the 36th International Conference on Data Engineering.

Kumar M, Bhatia R, Rattan D. 2017. A survey of web crawlers for information retrieval. Wiley Interdisciplinary Reviews-Data Mining and Knowledge Discovery, 7 (6): e1218.

Kumar R, Jakhar K, Tiwari H, et al. 2022. A text structural analysis model for address extraction. Natural Language Processing and Information Systems, 13286: 255-266.

Li J, Zhu C, Li S, et al. 2016. Exploiting wikipedia priori knowledge for Chinese named entity recognition. Shanghai: 2016 12th International Conference on Natural Computation, Fuzzy Systems and Knowledge Discovery (ICNC-FSKD).

Li M, Zhang Y, Xu M, et al. 2020. China Eco-Wisdom: A review of sustainability of agricultural heritage systems on aquatic-ecological conservation. Sustainability, 12 (1): 60.

Li X, Li Y, Yang J, et al. 2022. A relation aware embedding mechanism for relation extraction. Applied Intelligence, 52 (9): 10022-10031.

Liu J, Li X, Zhang Q, et al. 2022. A novel focused crawler combining web space evolution and domain ontology. Knowledge-based Systems, 243: 108495.

Liu N, Yao R. 2015. The crawling strategy of shark-search algorithm based on multi granularity. International Symposium on Computational Intelligence and Design, 2: 41-44.

Liu P, Moreno J M, Song P, et al. 2016. The use of oral histories to identify criteria for future scenarios of sustainable farming in the south Yangtze River, China. Sustainability, 8 (9): 859.

Liu Y, Fang S, Wang L, et al. 2022. Neural graph collaborative filtering for privacy preservation based on federated transfer learning. Electronic Library, 40 (6): 729-742.

Long W, Li X, Wang L, et al. 2023. Efficient m-closest entity matching over heterogeneous information networks. Knowledge-based Systems, 263: 110299.

Lu L, Medo M, Yeung C H, et al. 2012. Recommender systems. Physics reports-review Section of Physics Letters, 519 (1): 1-49.

Luo F, Chen G, Guo W. 2005. An improved "fish-search" algorithm for information retrieval. Wuhan: IEEE International Conference on Natural Language Processing and Knowledge Engineering.

Ma K, Tan Y, Tian M, et al. 2022. Extraction of temporal information from social media messages using the BERT model. Earth Science Informatics, 15 (1): 573-584.

Mai G, Hu Y, Gao S, et al. 2022. Symbolic and subsymbolic GeoAI: Geospatial knowledge graphs and spatially explicit machine learning. Transactions in GIS, 26 (8): 3118-3124.

Mai G, Janowicz K, Cai L, et al. 2020. SE-KGE: A location-aware knowledge graph embedding model for geographic question answering and spatial semantic lifting. Transactions in GIS, 24 (3): 623-655.

Martinez-Rodriguez J L, Hogan A, Lopez-Arevalo I. 2020. Information extraction meets the Semantic Web: A survey. Semantic Web, 11 (2): 255-335.

Mezni H. 2022. Temporal knowledge graph embedding for effective service recommendation. IEEE Transactions on Services Computing, 15 (5): 3077-3088.

Middleton S E, Kordopatis-Zilos G, Papadopoulos S, et al. 2018. Location extraction from social media: geoparsing, location disambiguation, and geotagging. ACM Transactions on Information Systems, 36 (4): 1-27.

Omran P G, Taylor K, Mendez S R, et al. 2022. Active knowledge graph completion. Information Sciences, 604: 267-279.

Park D H, Kim H K, Choi I Y, et al. 2012. A literature review and classification of recommender systems research. Expert Systems with Applications, 39 (11): 10059-10072.

Pawlicka A, Pawlicki M, Kozik R, et al. 2021. A systematic review of recommender systems and their applications in cybersecurity. Sensors, 21 (15): 5248.

Perea-Ortega J M, Lloret E, Alfonso Urena-Lopez L, et al. 2013. Application of text summarization techniques to the geographical information retrieval task. Expert Systems with Applications, 40 (8): 2966-2974.

Qiu P, Gao J, Yu L, et al. 2019. Knowledge embedding with geospatial distance restriction for geographic knowledge graph completion. ISPRS International Journal of Geo-Information, 8 (6): 254.

Raju S, Pingali P, Varma V. 2009. An unsupervised approach to product attribute extraction. Advances in Information Retrieval, Proceedings, 5478: 796-800.

Riley M, Harvey D. 2007. Talking geography: On oral history and the practice of geography. Social & Cultural Geography, 8 (3): 345-351.

Rungsawang A, Angkawattanawit N. 2005. Learnable topic-specific web crawler. Journal of Network and Computer Applications, 28 (2): 97-114.

Santos R, Murrieta-Flores P, Calado P, et al. 2018. Toponym matching through deep neural networks. International Journal of Geographical Information Science, 32 (2): 324-348.

Shaffi S S, Muthulakshmi I. 2023. Weighted pagerank algorithm search engine ranking model for web pages. Intelligent Automation and Soft Computing, 36 (1): 183-192.

Siipi H. 2004. Naturalness in biological conservation. Journal of Agricultural & Environmental Ethics, 17 (6): 457-477.

Sun J, Zhang Y, Guo W, et al. 2020. Neighbor interaction aware graph convolution networks for recommendation. Xián: the 43rd International ACM SIGIR Conference on Research and Development in Information Retrieval.

Sun K, Hu Y, Song J, et al. 2020. Aligning geographic entities from historical maps for building knowledge graphs.

Sun K, Zhu Y, Song J. 2019. Progress and challenges on entity alignment of geographic knowledge bases. ISPRS International Journal of Geo-Information, 8 (2): 77.

Sun W, Chang K, Zhang L, et al. 2022. INGCF: An improved recommendation algorithm based on NGCF. Algorithms and Architectures for Parallel Processing, ICA3PP 2021, Part Ⅲ, 13157: 116-129.

Tao L, Xie Z, Xu D, et al. 2022. Geographic named entity recognition by employing natural language processing and an improved BERT model. ISPRS International Journal of Geo-Information, 11 (12): 598.

Tu C S, Lu M Y, Lu Y C. 2003. Research on web content mining. Application Research of Computers, 20 (11): 5-9, 15.

Usai A, Pironti M, Mital M, et al. 2018. Knowledge discovery out of text data: A systematic review via text mining. Journal of Knowledge Management, 22 (7): 1471-1488.

Velten S, Leventon J, Jager N, et al. 2015. What is sustainable agriculture? a systematic review. Sustainability, 7 (6): 7833-7865.

Wang C, Ma X, Chen J, et al. 2018a. Information extraction and knowledge graph construction from geoscience literature. Computers & Geosciences, 112 (3): 112-120.

Wang F, Lu C T, Qu Y, et al. 2017. Collective geographical embedding for geolocating social network users. Advances in Knowledge Discovery and Data Mining, PAKDD 2017, Part I, 10234: 599-611.

Wang H, Qin L, Huang L, et al. 2007. Ecological agriculture in China: Principles and applications. Advances in Agronomy, 94: 181-208.

Wang H, Zhang F, Hou M, et al. 2018b. SHINE: Signed heterogeneous information network embedding for sentiment link prediction. Los Angeles: WSDM' 18: Proceedings of the Eleventh ACM International Conference on Web Search and Data Mining.

Wang H, Zhang F, Zhao M, et al. 2019a. Multi-Task feature learning for knowledge graph enhanced recommendation. San Francisco: the World Wide Web Conference, 2000-2010.

Wang H, Zhao M, Xie X, et al. 2019b. Knowledge graph convolutional networks for recommender systems. San Francisco: the World Wide Web Conference.

Wang J, Hu Y. 2019. Are we there yet? Evaluating state-of-the-art neural network based Geoparsers using EUPEG as a benchmarking platform. Chicago: the 3rd ACM Sigspatial International Workshop on Geospatial Humanities.

Wang J, Hu Y, Joseph K. 2020a. NeuroTPR: A neuro-net toponym recognition model for extracting locations from social media messages. Transactions in GIS, 24 (3): 719-735.

Wang L, Wang Y, Chen J. 2019c. Assessment of the ecological niche of photovoltaic agriculture in China. Sustainability, 11 (8): 2268.

Wang Q, Ji Y, Hao Y, et al. 2020b. GRL: Knowledge graph completion with GAN-based reinforcement learning. Knowledge-Based Systems, 209: 106421.

Wang S, Zhu Y, Qian L, et al. 2022. A novel rapid web investigation method for ecological agriculture patterns in China. Science of the Total Environment, 842: 156653.

Wang Y, Dong L, Li Y, et al. 2021. Multi-task feature learning approach for knowledge graph enhanced recommendations with RippleNet. Plos One, 16 (5): e0251162.

Wei W, Stewart K. 2015. Spatiotemporal and semantic information extraction from Web news reports about natural hazards. Computers Environment & Urban Systems, 50 (3): 30-40.

Weinman J. 2017. Geographic and style models for historical map alignment and toponym recognition. Kyoto: 2017 14th IAPR International Conference on Document Analysis and Recognition (ICDAR), 1: 957-964.

Xu H, Jun W, Wei J. 2021. Recommending irregular regions using graph attentive networks. AD HOC Networks, 113. https://doi.org/10.1016/j.adhoc.2020.102383

Xu M, Wang S, Song C, et al. 2022. The Recommendation of the Rural Ecological Civilization Pattern Based on Geographic Data Argumentation. Applied Sciences-Basel, 12 (16): 8024.

Xue J, Li Z. 2023. Ecological conservation pattern based on ecosystem services in the Qilian Mountains, northwest China. Environmental Development, (46): 100834.

Yan B, Janowicz K, Mai G, et al. 2019. A spatially explicit reinforcement learning model for geographic knowledge graph summarization. Transactions in GIS, 23 (3): 620-640.

Yang L, Wang Q, Yu Z, Kulkarni A, et al. 2022. MAVE: A product dataset for multi-source attribute value extraction. Tempe: WSDM'22: Proceedings of the Fifteenth ACM International Conference on Web Search and Data Mining.

Yang Y, Wu Z, Yang Y, et al. 2022. A survey of information extraction based on deep learning. Applied Sciences-Basel, 12 (19): 9691.

Ye P, Zhang X, Shi G, et al. 2020. TKRM: A formal knowledge representation method for typhoon events. Sustainability, 12 (5): 2030.

Ye X, Wang Z, Li Q. 2002. The ecological agriculture movement in modern China. Agriculture Ecosystems & Environment, 92 (2-3): 261-281.

Yu Z, Wang Y, Cao J, et al. 2020. POI recommendation with interactive behaviors and user preference dynamics embedding. Chengdu: 3rd International Conference on Artificial Intelligence and Big Data.

Yun Y, Hooshyar D, Jo J, et al. 2018. Developing a hybrid collaborative filtering recommendation system with opinion mining on purchase review. Journal of Information Science, 44 (3): 331-344.

Zeng X, Wang S, Zhu Y, et al. 2022. A knowledge graph convolutional networks method for countryside ecological patterns recommendation by mining geographical features. ISPRS International Journal of Geo-Information, 11 (12): 625.

Zhan L, Jiang X. 2019. Survey on event extraction technology in information extraction research area. Beijing: IEEE 3rd Information Technology, Networking, Electronic and Automation Control Conference.

Zhang X, Huang Y, Zhang C, et al. 2022. Geoscience knowledge graph (GeoKG): Development, construction and challenges. Transactions in GIS, 26 (6): 2480-2494.

Zheng H, Huang H, Chen C, et al. 2017. Traditional symbiotic farming technology in China promotes the sustainability of a flooded rice production system. Sustainability Science, 12 (1): 155-161.

Zheng K, Xie M H, Zhang J B, et al. 2022. A knowledge representation model based on the geographic spatiotemporal process. International Journal of Geographical Information Science, 36 (4): 674-691.

Zhu Y, Zhu A X, Feng M, et al. 2017. A similarity-based automatic data recommendation approach for geographic models. International Journal of Geographical Information Science, 31 (7): 1403-1424.

参考文献

附录 生态文明模式调查挖掘名录三级分类信息

一级分类	二级分类	三级分类	官方名录名称	名录数量	参考出处
自然保护与生态环境修复治理模式	自然保护地模式	国家公园模式	《中国国家公园名录》	10	http://www.forestry.gov.cn/sites/main/main/zhuanti/20200805gjgy/index.jsp
		自然保护区模式	《国家级自然保护区名录》	474	http://www.cnnpark.com/res-nr-unit.html
			《国家级海洋特别保护区》	38	http://www.chinaislands.org.cn/c/2017-04-17/1745.shtml
			《国家级水产种质资源保护区》	463	https://baike.baidu.com/item/中国国家级水产种质资源保护区
			《国家沙漠（石漠）公园》	55	https://baike.baidu.com/item/中国国家沙漠公园
			《国家草原自然公园》	39	https://www.sohu.com/a/415685417_168296
		自然公园模式	《国家湿地公园名录》	898	http://www.cnnpark.com/res-np-w.html
			《国家森林公园名录》	879	http://www.cnnpark.com/res-np.html
			《国家地质公园》	219	http://www.gjgy.com/chinangp.html
	生态修复治理模式	生态系统保育与生态补偿模式	《生态综合补偿试点县》	57	https://www.ndrc.gov.cn/xxgk/zcfb/tz/202003/t20200303_1222207.html
		矿山生态修复模式	《中国生态修复典型案例集》	5	http://greenmines.org.cn/
		荒漠化治理模式	《中国生态修复典型案例集》	4	http://www.forestry.gov.cn/
		水土流失治理模式	《国家水土保持生态文明综合治理工程名录》	44	http://app.gjzwfw.gov.cn/jmopen/webapp/html5/stbcstwmgc/index.html#
生态农林牧业发展模式	生态种植业发展模式	细分类型可参照表3-2	基于知识图谱的生态文明模式调查	3910	http://www.moa.gov.cn/ http://coa.jiangsu.gov.cn/ https://baike.baidu.com/等
	生态养殖业发展模式	细分类型可参照表3-2	基于知识图谱的生态文明模式调查	727	http://www.moa.gov.cn/ http://coa.jiangsu.gov.cn/ https://baike.baidu.com/等
	创新农业模式	细分类型可参照表3-2	基于知识图谱的生态文明模式调查	3424	http://www.moa.gov.cn/ http://coa.jiangsu.gov.cn/ https://baike.baidu.com/等

一级分类	二级分类	三级分类	官方名录名称	名录数量	参考出处
新型城镇与绿色工业发展模式	新型城镇化模式	生态城市模式	《国家生态园林城市名录》	19	http://www.mohurd.gov.cn/wjfb/202001/t20200123_243723.html
		生态园区模式	《国家生态工业示范园区名单》	48	http://www.mee.gov.cn/gkml/hbb/bwj/201702/t20170206_395446.htm
		特色小镇模式	《国家特色小镇目录》	403	https://baike.baidu.com/item/中国特色小镇
		美丽乡村模式	《中国美丽休闲乡村》	260	http://www.moa.gov.cn/gk/tzgg_1/tfw/201912/t20191220_6333696.htm
			《中国美丽乡村百佳范例名单-第一批》	104	中国美丽乡村百佳范例获选名单[J].农村工作通讯,2017(08):2
			《中国美丽乡村百佳范例名单-第二批》	104	https://www.sohu.com/a/304904363_669627
			《首批地质文化村镇名单》	26	http://www.geosociety.org.cn/?category=bm90aWNl&catiegodry=MTI1MTE=
	生态工业模式	绿色能源模式	《国家首批绿色能源示范县名单》	108	http://www.nea.gov.cn/2010-11/19/c_131054898.htm
		清洁生产模式	《全国绿色矿山目录》	301	http://greenmines.org.cn/index.php?m=content&c=index&a=show&catid=18&id=3933
	绿色消费模式	生态旅游模式	《国家级风景名胜区》	244	http://www.gov.cn/zhengce/content/2017-03/29/content_5181770.htm
			《国家水利风景区》	878	http://slfjq.mwr.gov.cn/jqbk/202101/t20210121_1496518.html
			《国家级海洋公园》	41	http://www.chinaislands.org.cn/c/2017-04-17/1745.shtml
			《国家沙漠(石漠)公园》	55	https://baike.baidu.com/item/中国国家沙漠公园
			《国家草原自然公园》	39	https://www.sohu.com/a/415685417_168296
		低碳生活模式	《国际慢城名录》	13	http://chinacittaslow.com/index.php?c=article&id=827
		生态文化模式	《中国世界文化遗产目录》	53	http://whc.unesco.org/zh/list/